APPENDICE A L'ÉCRIT

DU

MEILLEUR SYSTÈME A ADOPTER

POUR L'EXÉCUTION

DES

TRAVAUX PUBLICS

ET NOTAMMENT

Des Grandes Lignes de Chemins de Fer.

OU

EXAMEN CRITIQUE DES CONDITIONS IMPOSÉES AUX COMPAGNIES, ET DES CAUSES QUI S'OPPOSENT AU DÉVELOPPEMENT DE L'ESPRIT D'ASSOCIATION EN FRANCE,

PAR FRANÇOIS BARTHOLONY.

PARIS,

ADOLPHE BLONDEAU,

IMPRIMEUR-ÉDITEUR, RUE RAMEAU, 7, PLACE LOUVOIS.

CARILIAN-GOEURY ET Vᵉ DALMONT,

LIBRAIRES DES CORPS ROYAUX DES PONTS-ET-CHAUSSÉES ET DES MINES,

Quai des Augustins, 39.

1839.

AVIS DE L'ÉDITEUR.

La question des chemins de fer est déjà mûre chez nos voisins ; il n'en est pas de même chez nous. Et cependant, cette question est d'une importance capitale. Elle intéresse au plus haut degré non-seulement l'avenir commercial et industriel, mais encore l'avenir intellectuel de la France.

Dans un ouvrage où le talent se joint à une grande expérience, M. François Bartholony s'est attaché à résoudre toutes les difficultés relatives à l'établissement des chemins de fer et des autres grands travaux publics.

M. François Bartholony avait déjà publié en 1838 un important ouvrage intitulé : *Du meilleur système à adopter pour l'exécution des travaux publics, et notamment des grandes lignes de chemins de fer.*

Ce premier travail imprimé à un petit nombre d'exemplaires, et destiné seulement à quelques personnes, a eu un retentissement beaucoup plus considérable que ne semblait devoir lui en donner la publicité restreinte qui lui avait été réservée. La curiosité du public, vivement excitée, faisait affluer les demandes.

C'est pour répondre à cet empressement que M. Blondeau a demandé à M. BARTHOLONY l'autorisation d'imprimer, à ses frais, l'ouvrage de 1838, revu et complété par un appendice d'environ trois cents pages, qui vient d'être terminé.

M. BARTHOLONY a acquiescé à la demande de son imprimeur avec un honorable désintéressement. Le public y gagnera la connaissance du travail le plus recommandable qui ait été fait en France sur les conditions les plus propres à favoriser l'établissement des chemins de fer.

Prix du volume séparément . 4 fr.
Les deux ensemble. . . . . 7 fr. 50 c.

INTRODUCTION.

Lorsqu'en avril de l'année dernière, nous publiâmes un nouvel écrit sur le MEILLEUR SYSTÈME A ADOPTER POUR L'EXÉCUTION DES GRANDS TRAVAUX D'UTILITÉ PUBLIQUE, nous étions encore sous l'influence des faits qui signalèrent la fin de la session de 1837.—On se souvient, qu'à cette époque, le projet de concession du chemin de fer de Paris à Lille, avec une subvention de vingt millions (quart de la dépense présumée), avait été présenté à la Chambre, approuvé par la commission, et que son adoption définitive avait été seulement ajournée; de là, l'obligation de comparer, avec de certains développements, comme nous l'avons fait, le sytème de subvention en argent, préféré par le Gouvernement, avec celui d'une garantie d'un minimum de revenu que nous avions proposé, et

dont nous nous sommes montré le constant dé—
fenseur.

Mais, en France, l'on va vite, quand l'imagination se met de la partie, et l'on ne peut dis-
convenir qu'elle ait joué un grand rôle dans ce
qui s'est passé au sujet des chemins de fer. En
effet, un an avant la présentation du projet
Cokerill, une entreprise de cette importance
eût paru impossible, même avec une subvention plus considérable; et un an après, non-
seulement il n'a plus été question, pour ces
grandes entreprises, de subvention ni de secours d'aucuns genres, mais l'on a imposé aux
compagnies des conditions si onéreuses, si
oppressives, qu'en vérité, en ceci comme en
tant d'autres choses, l'on peut dire qu'on a
passé subitement, sans transition aucune, d'une
défiance extrême à une confiance sans bornes ;
avec cette différence pourtant, que l'une était
sans dangers, tandis que l'autre est environnée
d'écueils........

Et cependant, dans l'intervalle que s'était-il
passé, quelle expérience décisive avait été
faite ? Poussés par la spéculation, soutenus
par des mains puissantes, les cours des ac-

tions de quelques chemins de peu d'étendue, avaient atteint des prix exagérés dont ils n'ont pas tardé à descendre, non sans causer de profondes blessures. Voilà la base fragile sur laquelle reposait l'échafaudage des grandes concessions accordées l'année dernière; voilà l'unique cause de cette subite et inconcevable métamorphose de l'opinion : aussi quelques mois ont-ils suffi pour faire justice de toutes ces illusions, et nous ramener au point de départ, s'ils ne nous ont pas fait rétrograder (1).

Ce serait, néanmoins, une erreur de croire que tous les tâtonnements, tous les débats qui ont eu lieu, aient employé en pure perte un temps précieux. Non, il n'en est pas ainsi ; les discussions de la session dernière ont fait faire un pas immense à la question. En repoussant

(1) Le cours des actions des chemins de fer vient d'éprouver une amélioration assez notable.

Elle est due, uniquement, à l'espérance de voir arriver au ministère des hommes dont l'opinion connue est très-favorable aux demandes formulées par les Compagnies, et à la croyance d'un appui efficace du Gouvernement.

Si l'événement ne venait pas justifier ces prévisions et ces espérances, l'on retomberait immédiatement dans le marasme dont ces affaires sont à peine sorties. C'est certain.

(25 avril 1839.)

avec une énergie et une unanimité dont les annales parlementaires offrent peu d'exemples, le projet du Gouvernement, de se charger lui-même, et sans partage, de l'exécution de tous les grands travaux publics, la Chambre a rendu un service éminent au pays. En effet, il importait infiniment que cette grande question : *l'Etat doit-il exécuter lui-même les travaux?* fût enfin, et une fois pour toutes, nettement posée et nettement résolue.

Elle l'a été, l'an dernier, de la manière la moins équivoque ; et, par la sagesse de sa décision, la Chambre a consacré définitivement le principe le plus conforme aux saines notions de l'économie politique : *l'exécution des travaux publics par tous les moyens dont le pays dispose.*

Pourquoi faut-il qu'une aussi sage décision se soit presqu'aussitôt trouvée comme infirmée ! et par la même Chambre qui venait de donner gain de cause à l'esprit d'association !

Assurément, après un échec aussi éclatant, aussi décisif, il était permis de penser que, se tenant pour jugée, l'administration des Ponts-et-Chaussées renoncerait à son idée favorite du monopole des grands travaux publics, et qu'elle entrerait franchement dans les vues du pays... Cependant le contraire a eu lieu.

En effet, à moins d'admettre (ce qui, au reste, est de la dernière évidence,) qu'immédiatement après sa défaite parlementaire, l'administration est parvenue à ressaisir une partie de son influence sur la Chambre, il serait impossible de concilier le vote énergique de celle-ci, avec ses rigueurs envers les compagnies, lors de la discussion des dernières lois de chemins de fer; une contradiction aussi flagrante, à quelques jours de distance, révèle une vérité désormais incontestable : c'est que la Chambre n'a su se soustraire qu'incomplètement à l'influence tyrannique et pernicieuse de l'administration (1). Il semble en effet, qu'effrayée elle-même de son

(1) Nous ne croyons pas avoir besoin de répéter ici ce que nous avons dit ailleurs en plusieurs occasions : que dans nos observations critiques sur l'administration des Ponts-et-Chaussées, ce ne sont pas les hommes honorables qui la composent que nous attaquons, mais bien et seulement l'esprit de corps et de monopole qui, depuis tant d'années, entrave tout et a soulevé d'unanimes réclamations.

Nous avons trop souvent mêlé notre faible voix à la voix publique qui rend hommage à la haute capacité des ingénieurs de l'État, pour éprouver la crainte d'éveiller par nos remarques de justes susceptibilités.

D'ailleurs l'administration du chemin de fer de Paris à Orléans,

refus de concours au projet de loi des chemins
de fer exécutés par l'Etat, la Chambre n'ait
cru pouvoir s'en justifier, qu'en imposant aux
compagnies des conditions encore plus onéreuses que celles imaginées par l'administration
des Ponts—et—Chaussées. Ainsi, la Chambre
abattait d'une main ce qu'elle venait d'élever
de l'autre. Etrange contradiction dont les effets
déplorables n'ont pas tardé à se faire sentir !

Mais le jour approche, au moins nous l'espérons, où, s'éclairant de plus en plus et se di-
rigeant enfin par ses propres lumières, la
Chambre finira par secouer entièrement le joug
et par émanciper l'industrie privée sur laquelle
il est permis de fonder tant de riches espérances....

S'il devait en être autrement; si la Chambre,

dont l'auteur de cette note a l'honneur de faire partie, a pu trop
bien apprécier son personnel, sorti tout entier des Ponts-et-
Chaussées, et notamment le mérite transcendant de M. A. Jullien,
son ingénieur en chef, et de M. Clarke, chargé du matériel (ingénieurs dont l'administration ne saurait trop se louer, sous
tous les rapports possibles), pour que l'on puisse un instant se
méprendre sur la portée de nos observations :

Pour résumer en peu de mots notre opinion, nous sommes de
ceux qui pensent que *le corps des Ponts-et Chaussées est un instrument admirable dont on ne sait pas se servir.*

toujours trompée, devait continuer à voir dans l'industrie privée, non un auxiliaire utile dont, pour la viabilité du territoire, on peut tirer d'immenses secours, mais un ennemi caché contre lequel le pouvoir ne saurait s'armer de trop de rigueurs; oh! alors, mieux vaudrait octroyer à l'administration, sans hésitation et sans plus de délai, ce monopole des travaux publics qu'elle ambitionne et que lui souhaitent d'imprudents amis. Car, il n'y a pas de milieu, il faut, ou repousser tout-à-fait l'industrie des travaux publics, ou cesser de lui contester les droits les plus légitimes, et surtout ne plus lui refuser la protection sans laquelle elle serait frappée d'impuissance.

Oui, faible et débile comme il est, si l'esprit d'association n'est pas *encouragé, protégé, honoré,* il restera long-temps encore sans force et sans vigueur, et incapable de rien produire de grand et digne de la France (1); et alors, nous le répétons, mieux vaudrait cent fois donner tout de

(1) Tandis que M. Dupin lance, du haut de la tribune, l'anathème contre les grandes entreprises industrielles, et qu'il flétrit de l'épithète d'agioteurs la personne de leurs fondateurs, en Autriche, pays rétrograde, à ce qu'on dit, on procède différem-

suite gain de cause à son puissant rival, car si l'on peut reprocher beaucoup de choses à l'État comme exécuteur des travaux publics, on ne peut lui dénier la puissance qu'il trouve dans le crédit public, dont il dispose; et, quand il s'agit d'aussi grands travaux, la puissance de les exécuter est sans contredit la partie du problème la plus difficile à résoudre (1).

D'ailleurs, l'application de l'industrie privée

ment. En effet, on écrit de Vienne (10 avril) : « L'empereur a « élevé à la dignité de comte de l'Empire M. le baron Sina, « b..quier de cette ville, qui a si bien mérité de l'industrie na- « tionale par les grands établissements manufacturiers et par les « trois lignes de fer dont il est le fondateur. »

Ainsi c'est dans les pays à gouvernements monarchiques absolus, qu'il faut aller chercher des exemples ! Chez nous, l'envie gâte tout, et Riquet, s'il vivait encore, pour prix de son immortel ouvrage, serait appelé agioteur !...

(1) Un moment, aux yeux du plus grand nombre, les capitaux destinés aux travaux publics étaient surabondants, et il suffisait d'accorder aux Compagnies des concessions pour faire dépenser des millions par centaines.....

Voici quelle est, au vrai, la situation : la Belgique semblait vouloir verser des capitaux importants dans nos travaux publics ; aujourd'hui elle ne peut plus rien pour nous. Des trois établissements qui avaient soumissionné le chemin du nord, deux sont en liquidation forcée; le troisième (la Société générale) s'est retirée depuis long-temps, faute d'avoir pu obtenir la garantie d'un minimum de revenu de 4 0/0. La Compagnie du chemin de Paris à la mer n'a pas reçu, en totalité, les premiers 25 pour cent de son capital social, insuffisant de moitié. La Compagnie d'Orléans compte 70 mille retardataires au deuxième verseaux travaux publics n'est réellement désirable qu'autant qu'on lui accordera les moyens de se déployer *largement, sur une base solide,* et d'acquérir une force qui réponde à la grandeur de la tâche qu'on veut lui imposer. On sait les merveilles créées en Angleterre et aux États-Unis par l'industrie féconde des voies de transports; elles tiennent surtout à ce que, dans ce pays, l'industrie est traitée en amie et en bienfaïtrice. Ici, qui le croirait? dans la part à lui faire, on n'a paru préoccupé, en certains lieux, que de la peur de voir l'État privé de l'influence gouvernementale que les grands travaux publics donnent, et encore de je ne sais quelle autre crainte (triste héritage des fautes de la Restauration) de voir l'association se développer avec une trop grande force et les chefs de l'industrie

ment (celui du 10 mars), bien que les actionnaires en retard soient passibles d'un intérêt de 5 pour cent.

La Compagnie de Versailles, rive gauche, a interrompu ses travaux, à son grand préjudice, faute de trouver 5 millions à emprunter. Enfin, les actions du chemin de Strasbourg à Bâle perdent 55 pour cent des versements effectués.

Enfin, c'est à grand'peine si toutes les Compagnies de chemins de fer réunies, ont reçu 80 millions effectifs.

Les faits ont donc complètement justifié nos prévisions.

(25 avril 1839.)

privée, acquérir trop de puissance. Quel inconcevable oubli de l'esprit et des besoins de notre époque !

Puissent des idées plus saines, en matière de travaux publics, émaner bientôt du Gouvernement, et les fautes commises être bientôt réparées ! C'est à cette condition seulement qu'il nous sera donné de voir le pays sortir de l'espèce de léthargie dans laquelle il est plongé, sous ce rapport, et échapper à la honte d'une infériorité que l'on pourrait à bon droit reprocher à ses législateurs.

Car, pour toutes ces questions, les Chambres, semblables à des navires sans gouvernail, flottent au gré des vents ; elles sentent cependant vivement le besoin de donner aux difficultés que ces questions ont fait naître, une solution prochaine, et elles appellent de tous leurs vœux le pilote qui doit les conduire au port.

Vienne donc et puisse se montrer bientôt au milieu d'elles, l'homme d'État à la volonté ferme et persévérante, à l'esprit hardi et aux vues élevées, qui, nouveau Colbert, saura donner l'impulsion et une sage direction au

mouvement commercial et industriel, caractère distinctif des temps où nous vivons (1).

Pour nous, nous continuons modestement
l'œuvre que nous avons commencée ; heureux

(1) Des esprits chagrins, décidés d'avance à tout blâmer (que
Dieu leur fasse paix !), ont été assez aveugles pour critiquer amèrement la tendance du siècle à s'occuper activement des intérêts matériels ; comme si l'on ne pouvait s'occuper à la fois du
corps et de l'âme, et si le bonheur matériel était au prix de la
moralité et du développement de l'intelligence ! Nous pensons,
au contraire, que là où règne cette politique qu'on voudrait flé-
trir par l'épithète de politique d'intérêts matériels, là règne aussi
le plus d'instruction et, par suite, plus de moralité. Que l'on
compare l'Amérique avec le Portugal, l'Angleterre avec l'Es-
pagne.

Les hommes véritablement philantropes, qui encouragent de
tous leurs efforts le travail, ne doivent pas se laisser décourager
par le reproche insensé qu'on leur adresse, de vouloir arrêter la
civilisation et étouffer les sentiments moraux de la nation, en
attachant aux intérêts matériels une trop grande importance ;
en agissant ainsi, ils servent tous les intérêts à la fois. Qui donc
oserait soutenir sérieusement que l'on aimerait moins sa patrie
si elle devenait plus riche, plus puissante, plus éclairée, et si le
peuple y vivait plus heureux ? Que la religion et la morale y auraient moins d'empire, parce que la pauvreté en aurait été extir-
pée ?... Qui ne sait, au contraire, que les vices et la dégradation
morale sont presque toujours compagnes fidèles de la misère ?

D'ailleurs, une considération d'une haute importance domine
tout-à-fait la question en ce qui concerne la France : c'est qu'au
milieu des passions politiques qui nous agitent ; en présence
des difficultés de tous genres qui nous entourent ; en l'absence
des sentiments religieux qui nous manquent ; et privés d'un
principe politique qui rallie toutes les croyances ; lorsque chaque année, de nouveaux convives se présentent pour prendre

si nos faibles efforts contribuent quelque peu à éclairer la route pleine d'avenir qui s'ouvre devant le pays, et dans laquelle il est disposé à marcher!

Tel est le but de ce nouvel écrit.

leur part du banquet de la vie et y trouvent si difficilement place, il faut, sous peine de retomber dans de nouvelles révolutions, élargir la table du festin. Donner un grand développement aux travaux publics, et à tout ce qu'on qualifie dédaigneusement d'intérêts matériels, est peut-être le seul moyen de sauver le pays de l'inquiétude fébrile qui le dévore, de l'anarchie qui le menace, et de la guerre qui en serait la conséquence forcée. La guerre! Eh! qu'y a-t-il au monde de plus moral que ce qui tend à l'éviter?

Si cela est vrai, et nous le croyons fermement, qu'on nous dise encore que trop s'occuper des intérêts matériels du pays, c'est fouler aux pieds ses intérêts les plus chers, les plus précieux, les intérêts moraux! Les uns et les autres sont étroitement unis, et c'est vainement qu'on voudrait les séparer. Travailler pour les uns, c'est travailler pour les autres; attaquer les uns, c'est attaquer les autres : le mieux est de les confondre dans un même amour, car tous ils tendent au même but : le bien de l'humanité.

APPENDICE A L'ÉCRIT

DU

MEILLEUR SYSTÈME A ADOPTER

POUR L'EXÉCUTION

DES TRAVAUX PUBLICS

ET NOTAMMENT

DES GRANDES LIGNES DE CHEMINS DE FER,

OU

Examen critique des conditions imposées aux Compagnies, et des causes qui s'opposent au développement de l'esprit d'association en France.

———⋆———

CHAPITRE PREMIER.

Considérations générales.

Dans diverses publications, notamment en 1835 et en 1838 (1), nous avons cherché à démontrer (et cela n'était pas difficile) que le gouvernement avait un immense intérêt à *créer, protéger et développer* le plus possible l'*esprit d'association,* cause de tant de merveilles dans d'autres pays, tandis qu'il est resté en germe parmi nous.

(1) Voir, aux notes et documents, le précis analytique de l'un de ces ouvrages et quelques autres citations à l'appui des diverses propositions soutenues dans cet écrit.

1

Plein de cette conviction, nous avons recherché de bonne foi, et nous avons ensuite essayé de faire prévaloir dans les esprits, le moyen de lui donner une base solide qui assure, sans danger, son rapide développement. Ce moyen, *c'est l'appui du crédit de l'État.* Après avoir démontré, au moins nous le croyons, tous les avantages qu'il offre sur tous les autres modes d'encouragements des grands travaux publics, nous avons sollicité son application pour toutes les entreprises d'une utilité généralement reconnue; en un mot, nous avons demandé la fondation d'un nouveau crédit : la création des *effets publics de la paix*, et nous avons dit que cet exemple de la France, offert à l'Europe entière, deviendrait peut-être le plus puissant obstacle aux troubles intérieurs et aux guerres étrangères. Nous persistons dans notre opinion.

En ce qui touche les grands travaux de viabilité de la France, nous avons cherché à prouver que, pour les exécuter dans le plus bref délai, il fallait employer, *sans exception*, tous les moyens dont le pays dispose, à savoir :

1° L'industrie privée livrée à elle-même, pour tous les travaux qui ne sont pas au-dessus de sa portée;

2° L'industrie privée aidée du crédit de l'État, au moyen de la garantie d'un minimum de revenu, pour les travaux d'une grande importance offrant des chances de bénéfices suffisantes pour engager l'industrie à les entreprendre;

3° L'État exécutant lui-même tous les grands travaux d'utilité générale qui, par leur nature, ne pourraient être exécutés que par lui, faute de compagnies pour les entreprendre, même avec l'appui de la garantie d'un minimum de revenu.

Enfin, notre conclusion était qu'une alliance franche et sincère entre l'État et l'industrie aurait les résultats les plus satisfaisants pour le pays.

Nous avons cherché à prouver encore, et nous espérons y avoir réussi, que, moyennant des tarifs rémunérateurs, à la faveur d'une émulation salutaire et de l'expérience acquise par ces divers modes d'opérer, les travaux s'exécuteraient aussi vite et aussi économiquement que possible, et qu'en définitive, le public ne serait pas seul favorisé par la confection de ces ouvrages si désirés; le Trésor lui-même recueillerait, de mille manières, bien au-delà de l'équivalent des sacrifices apparents qu'il aurait été obligé de faire.

En effet, il y a une différence immense, il y a un abîme entre les dépenses productives et les dépenses improductives, entre les dépenses de la guerre et les dépenses de la paix : c'est ce que ne considèrent pas assez les personnes qui s'effraient des sommes énormes réclamées par les travaux publics.

Les dépenses de la guerre se font souvent en pays étrangers, toujours pour détruire, jamais pour édifier; et les capitaux, une fois consommés, le sont sans aucune compensation, si ce n'est une vaine gloire appréciée à sa juste valeur aujourd'hui, quand la guerre n'a pas pour objet la défense des foyers ou la protection du faible contre l'abus de la force. Les dépenses de la paix, au contraire, fournissent du pain à une multitude toujours croissante, à qui le travail est nécessaire pour vivre; et chacun sait que, par l'impôt, le Trésor prélève une grosse part sur les dépenses de cette multitude; il repompe ainsi une portion de ce qu'il dépense; puis, le pays se couvrant d'ouvrages utiles, canaux, routes, chemins de fer, la prospérité publique s'accroît progressivement, et avec elle les recettes du Trésor. Enfin, les nouvelles voies, quoique soumises à des tarifs, étant des voies perfectionnées, sont pour le public, indépendamment de tous les avantages qu'elles lui offrent, des voies *plus que gratuites*, s'il est permis de s'exprimer ainsi, puisque, péage et transport compris, la dépense est de beaucoup inférieure aux frais actuels sur les routes livrées sans péage à la circulation.

Et cependant les tarifs suffisent pour créer des

routes nouvelles et les entretenir, et pour rembourser en principal et intérêts les capitaux employés. De telle sorte qu'il n'y a à la création de ces nouvelles voies (on ne saurait trop le répéter), que des avantages pour tout le monde et des avantages de toute nature. Les dépenses qu'elles entraînent ne peuvent être mieux comparées qu'à celles que fait un propriétaire intelligent pour améliorer sa propriété et la rendre susceptible d'un plus grand produit.

C'est qu'*employer* utilement les capitaux, ce n'est pas réellement les dépenser. Un capital qui, dans l'état actuel des choses, rapporte 10 pour cent, est un capital plus que doublé et non pas un capital dépensé; et cela sans tenir compte des avantages de tous genres, et de l'influence considérable sur la prospérité publique que de grands travaux exercent dans le pays, lorsque ces travaux sont conçus avec l'intelligence des besoins et conduits avec l'activité et l'économie qu'on doit attendre de l'industrie privée.

Il est donc vrai de dire que les immenses capitaux réclamés par les travaux publics, s'ils sont sagement employés (c'est la seule chose à considérer), ne seront pas *dépensés*, dans l'acception attachée ordinairement à ce mot, c'est-à-dire *consommés, perdus*; mais que, au contraire, en ne tenant compte que de l'intérêt particulier, sans faire mention des services généraux qu'ils rendront, des capitaux ainsi dépensés, loin d'être perdus, seront très-productifs. Dans cette grave question, presque tout dépend des tarifs rémunérateurs que, par une inconcevable erreur, l'administration aurait voulu détruire !

Il ne faut donc pas s'effrayer des sommes importantes que l'État pourrait être dans le cas de consacrer à des travaux publics sagement conçus, bien et économiquement exécutés, et appuyés de bons tarifs; ni des garanties (uniquement morales dans la plupart des cas) qu'il pourrait accorder aux compagnies qui viendraient l'aider dans l'exécution de l'admirable plan de viabilité générale du territoire, conçu et étudié par les ingénieurs des Ponts-et-Chaussées.

Pour soutenir les guerres de la révolution et de l'Empire, l'Angleterre a contracté une dette de plus de 16 milliards. La France a dévoré, pour le même objet, des capitaux énormes qui sont à jamais perdus. Qui pourrait dire ce que ces sommes, effrayantes par leur masse, auraient produit de bien pour l'humanité, si elles avaient été employées à féconder le sol qu'elles n'ont abreuvé que de sang et de larmes !.. L'imagination, elle-même, est impuissante à s'en faire une juste idée.

Eh bien! ces immenses ressources, englouties sans retour et sans fruit, si les mêmes circonstances se représentaient, si, à tort ou à raison, on croyait l'honneur national engagé, on les consacrerait de nouveau et sans hésitation au dieu de la guerre; et quand il s'agit d'une gloire pacifique, mais bien préférable, selon nous, celle de contribuer puissamment au bonheur public, de donner un exemple qui aurait une influence salutaire sur l'Europe entière; lorsqu'il s'agit enfin de se placer à la tête de la civilisation, non plus par des paroles, mais par des faits, on hésite, on perd des années, en discussions oiseuses, en méfiances, en terreurs vraies ou fausses sur les charges financières qu'on craint d'imposer au pays! Quoi! vous votez des millions par centaines, si l'on vous parle d'une expédition guerrière, et lorsqu'il est question de travaux utiles, qui garantiraient la continuation de la paix générale et une meilleure mise en valeur de notre sol, vous reculez épouvantés devant des dépenses qui, en comparaison de celles de la guerre, ne sont rien, et qui, d'ailleurs, ne l'oubliez donc pas, sont essentiellement reproductives! Mais, nous ne saurions trop le répéter, envisagées sous ce point de vue, ce n'est pas là ce qu'on peut appeler des dépenses dans le sens abstrait du mot, c'est au contraire *un placement de fonds avantageux*.

Nous avons démontré que, dans notre système, en mettant les choses au pire, des travaux utiles, désirés, attendus par le pays tout entier et qui absorberaient un capital de 2 milliards, entraîneraient peut-être le Trésor au paiement temporaire d'une annuité immédiate de 12 à 15 millions; c'est devant une somme aussi modique pour un pays comme la France, et lorsque le Trésor recouvrerait, par une conséquence de ces mêmes travaux, au moyen de l'impôt, des sommes bien autrement considérables (1); c'est devant une pareille éventualité qu'on a reculé, et c'est par une considération d'un si faible poids qu'on a repoussé un système contre lequel on n'élevait aucune objection sérieuse, et qui est appelé

(1) En effet, peut-on calculer ce que ces travaux, exécutés sur toute la surface de la France, produiraient de bien réel; quelle vie ils donneraient au commerce, à l'industrie et à l'agriculture, non-seulement par leurs résultats après l'achèvement, mais encore par le seul fait de leur exécution? Sans contredit, le surcroît de consommation, résultant de l'aisance que la main-d'œuvre, seule, répandrait déjà dans la classe ouvrière; la prospérité qu'amènerait ensuite, dans toutes les classes de la société, l'usage de ces nouveaux ouvrages d'utilité publique; l'augmentation de la valeur des propriétés foncières; la réduction des frais d'entretien des routes royales; en un mot, une multitude d'économies impossibles aujourd'hui, et une foule de contributions étrangères aux recettes actuelles du trésor, lui feraient récupérer bien au delà des sacrifices qu'il lui eût fallu, peut-être, s'imposer momentanément. Cela ne peut plus être contesté aujourd'hui.

à produire, nous ne disons pas en France seulement, mais dans tous les pays où le crédit public est connu et apprécié, des résultats immenses : car le crédit public est un puissant levier ; il n'a jamais été appliqué aux travaux et aux arts de la paix, et nul ne saurait dire les merveilles qui pourraient résulter du nouvel usage que nous proposons d'en faire.

La guerre qui s'est ouverte entre l'administration et l'industrie privée au sujet de l'exécution des travaux publics, est une guerre impie ; elle ne peut avoir pour cause qu'un malentendu ou d'injustes préventions : il faut que tout cela cesse, que l'avenir de la France, en fait de travaux publics, ne soit plus compromis par l'esprit de corps des Ponts-et-Chaussées ; il faut que l'administration ne voie que le bien du pays, le bien du pays seulement. Or, le bien du pays est dans l'exécution la plus prompte et la plus économique des travaux projetés, n'importe le mode d'exécution. Que tous les moyens qui peuvent nous en faire jouir plus promptement soient donc mis en œuvre ; et s'il est démontré, par ce qui s'est passé ailleurs, que l'industrie privée peut devenir un puissant auxiliaire de l'État dans l'exécution de ses plans, que l'alliance, qu'une franche et sincère association du Gouvernement et des Compagnies, soient scellées par l'adoption du système que nous lui avons proposé et qui n'a été repoussé que parce qu'il allait trop directement au but que, jusqu'ici, l'administration des Ponts-et-Chaussées a toujours cherché à éloigner (1).

Nous allons reprendre, une à une, les diverses propositions que, dans un esprit de justice et de conciliation, nous avions faites avec la profonde conviction qu'un tel système amènerait le plus beau développement des travaux publics, en France. Bien d'autres ont pensé avec nous que son adoption, sans aucune arrière-pensée, ferait de l'industrie privée et de l'État des associés se prêtant un mutuel appui, et que cette association de forces jusqu'ici contraires, serait un bienfait pour le pays; enfin, que l'adoption de ce système aurait une influence heureuse et générale qui ne s'arrêterait pas à nos frontières, si l'exemple de la France, et les grands résultats qu'elle ne tarderait pas à en recueillir, engageaient

(1) Dans les réformes proposées pour faciliter les rapports de l'industrie avec l'administration, il nous semblerait bien important de scinder la direction des Ponts-et-Chaussées en deux grandes divisions : celle actuelle, à laquelle M. le directeur-général est sans doute plus propre que personne, et une nouvelle, à laquelle serait renvoyé tout ce qui concernerait l'industrie privée, et qui aurait à sa tête un administrateur, non-seulement éclairé, *mais surtout partisan sincère de la coopération de l'industrie dans les travaux publics.*

On ne peut se dissimuler que l'absence de toute sympathie pour l'industrie privée ne soit le côté faible de l'administration.

les autres États du continent à entrer dans cette grande voie de paix et d'améliorations.

Heureux donc les hommes qui, chargés de présider aux destinées des peuples, sauront attacher leur nom à la fondation d'un nouveau crédit public si fécond en bienfaits !

CHAPITRE II.

Examen raisonné des propositions de l'ex-Compagnie des Chemins de Fer du Nord, ou ce qu'on aurait dû faire et ce qu'on a fait au sujet des travaux publics en France.

La Compagnie des chemins de fer du Nord, dont nous étions le représentant, s'est formée en 1834, époque où toutes les questions de grands travaux publics étaient encore peu connues et bien obscures. Elle s'est dissoute en 1838, et de ses travaux il n'est resté qu'une chose, ce sont les sages dispositions introduites dans sa soumission. Or, ces dispositions réunies forment un corps, un système qui, selon nous, pourrait servir de base à une bonne législation de travaux publics. Sous ce rapport, si l'on finissait par adopter nos propositions, la courte existence de la Compagnie des chemins de fer du Nord n'aurait pas été sans quelque utilité, qu'il nous soit permis de le dire, non dans un esprit de puérile vanité, mais parce que les derniers événements n'ont que trop justifié nos prévisions.

C'est dans l'espoir qu'éclairés par les faits, le Gouvernement et les Chambres seront mieux disposés à apprécier les raisons que nous avons fait valoir à l'appui de notre système, que nous venons reprendre, une à une, l'examen de ses principales dispositions. Heureux si, pour la discussion qui se prépare, nous parvenons à répandre quelque lumière sur cette grande question d'intérêt public, et à démontrer, surtout, que, dans l'appui du crédit de l'État, dans l'alliance du Gouvernement et de l'industrie privée, est le germe d'un puissant et rapide développement des travaux publics.

Pour rendre notre travail plus clair et aussi concis que possible, nous diviserons ce chapitre en deux parties.

La première traitera des motifs de chacune des clauses de la soumission des chemins de fer du Nord, ce qui établira, tout naturellement et dans son ensemble, le système de travaux publics tel que nous l'entendons.

Dans la seconde, on verra, par les conditions onéreuses ou injustes imposées aux Compagnies, combien on s'est éloigné d'un système réellement protecteur.

Enfin, dans le chapitre suivant, conclusion et résumé du précédent, nous dirons toute notre pensée sur la situation actuelle et l'avenir de la haute industrie en France, c'est-à-dire de celle qui a pour objet les grands travaux d'utilité publique.

§ Ier.

Examen raisonné de nos diverses propositions.

L'adjudication au rabais et par soumissions cachetées, appliquée aux grands travaux publics, ayant été complètement battue en brèche, et le principe de la concession directe étant adopté définitivement par les Chambres, nous passerons sous silence cette proposition à laquelle, dans notre premier mémoire, nous avions dû donner un certain développement.

Nous ne nous arrêterons pas davantage sur la question des cautionnements que l'on continue à exiger, bien que cela soit en contradiction manireste avec le principe de la concession directe qui a prévalu; en effet, cette exigence ne peut s'expliquer raisonnablement que dans le cas de l'adjudication publique, parce qu'il faut en éloigner les gens sans consistance, dont la concurrence n'offrirait aucune garantie. Lorsqu'il y a concession directe, le cautionnement n'a plus aucun objet: c'est une gêne qu'on impose au concessionnaire, une ressource dont on le prive, sans aucun but d'utilité, et que, dès-lors, il faut supprimer, ne fût-ce que pour débarrasser nos cahiers des charges de toutes ces clauses de confiscation qui les déshonorent et sont en complète désharmonie avec l'esprit d'encouragement et de protection qu'il faut introduire dans les rapports du gouvernement avec les sociétés industrielles.

On sait, au reste, qu'en Angleterre et en Amérique, nos modèles en fait de travaux publics, la pénalité contre les compagnies qui n'exécutent pas les travaux dans les délais prescrits (délais qu'on étend toutes les fois que cela est nécessaire), ne consiste que dans la déchéance du droit résultant de la concession.

Et cela est juste et rationnel. Comment admettre, en effet, qu'une compagnie respectable ira solliciter et obtenir à grand'peine une concession dont elle n'aurait pas l'intention de faire usage? Des causes de force majeure pourraient seules l'empêcher de travailler, et, dans ce cas, le cautionnement n'est d'aucun remède au mal; en un mot, nous le répétons, c'est l'imposition d'une gêne sans aucune utilité, et nous persistons à en demander la suppression dans tous les cas de concession directe.

§ II.

Des concessions à terme ou à perpétuité, et de quelques autres stipulations des cahiers des charges.

Nous avons toujours soutenu le principe de la perpétuité des concessions, et si la Compagnie des chemins de fer du Nord avait fini par consentir à en limiter la durée à quatre-vingt-dix-neuf ans, ce n'est pas qu'elle eût varié dans son opinion: nullement; cette opinion est restée entière, malgré les idées contraires qui ont momentanément prévalu au sein du Gouvernement et des Chambres. La Compagnie n'avait fait cette concession qu'en retour de l'appui qu'elle demandait à l'État d'une garantie d'un revenu de quatre pour cent.

Comme, d'une part, cette garantie peut entraîner le trésor dans des déboursés; que, d'autre part, elle est d'un puissant secours pour la Compagnie, on conçoit, à la rigueur, que l'État puisse vouloir y mettre un prix, et que ce prix soit la prise de possession, après un certain laps de temps convenu, des travaux exécutés ; mais, lorsqu'une entreprise a lieu aux frais, risques et périls d'une compagnie, que l'État n'y participe en aucune manière, sauf cependant les avantages généraux qu'il en retire, la prise de possession, après un certain délai, bien que convenue, est une véritable confiscation, un acte diamétralement opposé à tout esprit d'encouragement des travaux publics ; en un mot, un acte de vandalisme indigne de l'époque de civilisation où nous vivons.

Il n'y a que l'esprit de monopole de l'administration des Ponts-et-Chaussées qui ait pu mettre momentanément en honneur, dans le Gouvernement et les Chambres, une idée aussi fausse ; elle marche de pair avec celle de l'abaissement indéfini des tarifs, et toutes deux allaient directement au même but : l'anéantissement de l'esprit d'association et le monopole gouvernemental des travaux publics.

Au reste, cette idée de limiter de plus en plus les concessions, idée que nous avons constamment combattue, est, en France, de trop fraîche date pour nous inspirer de grandes craintes. — Reçue avec faveur et sans trop de réflexion, parce qu'en l'adoptant, on croyait servir les intérêts de l'État, on reconnaîtra bientôt, nous l'espérons du moins, si l'on ne l'a déjà reconnu, qu'on était dupe d'une erreur intéressée, et l'on reviendra à la vérité qui finit toujours par triompher.

Non, il n'y a aucune raison solide pour justifier les limites imposées aux concessions. — Vainement dirait-on que la viabilité gratuite étant le système de la France, il faut y ramener tôt ou tard la circulation sur toutes les voies; car, outre que cette raison n'est pas applicable à des entreprises de chemins de fer qui ne pourront jamais être livrés gratuitement au public, par toutes sortes de motifs qu'il serait trop long d'expliquer ici, mais que chacun comprend (1), il en serait autrement que ce ne serait pas un motif pour justifier la confiscation déguisée de ces propriétés; le droit de rachat expressément stipulé, et à des conditions prévues d'avance, répond tout-à-fait à l'objection du cas, mille fois improbable, où il serait d'un intérêt public bien entendu de supprimer les péages et de livrer gratis la libre circulation sur les chemins de fer.

Cette clause de rachat répond aussi parfaitement

---

(1) Nous avons expliqué ailleurs pourquoi les chemins de fer ne pourront jamais entrer dans notre système de viabilité gratuite, système, au reste, sur la valeur duquel nous nous sommes permis d'élever des doutes que nous croyons fondés.

à cet autre aphorisme contre la perpétuité : *qu'il ne faut jamais engager l'avenir.*

Il ne faut jamais engager l'avenir!

Et pourquoi nous effraierions-nous de choses qui ont si bien réussi en Angleterre, en Amérique, et même chez nous où il existe aussi des concessions perpétuelles, même sans cette clause de rachat qui est de droit commun, et à laquelle nous n'attachons quelque importance que parce qu'elle dissipe, comme par enchantement, tous les fantômes que les partisans de l'exécution par le Gouvernement avaient évoqués contre les Compagnies? Et savez-vous si, sans la perpétuité de la concession, ces ouvrages eussent été exécutés?..... Le pays qui en jouit, en eût probablement été privé, et tout cela pour éviter un mal qui n'existe pas; car quel inconvénient résulte-t-il de cette perpétuité qui vous inspire aujourd'hui tant de frayeur ?

Vainement dirait-on encore : Pourquoi négliger une occasion d'enrichir l'État de ces créations? S'il convient de maintenir les droits, eh bien ! l'État, devenu propriétaire, les percevra pour le Trésor.

Mais ne voyez-vous pas que c'est tuer la poule aux œufs d'or; et que si ces entreprises sont si désirables, si fructueuses à tous, au trésor le premier, c'est à les multiplier le plus possible qu'il faut s'appliquer..... que c'est de cette manière-là, surtout, qu'on enrichira l'État. D'ailleurs, fût-il vrai que l'État pût s'enrichir par des confiscations, il faudrait s'en abstenir, et dire : — La mesure qu'on propose peut être utile, mais elle est injuste, rejetons-la.

En effet, si l'on conçoit jusqu'à un certain point, une combinaison semblable à celle d'une concession temporaire pour une entreprise d'une facile appréciation, dont les revenus, comparés aux dépenses, assurent aux entrepreneurs, pendant le délai de la concession, le remboursement en capital et intérêts de leurs avances, et de plus de bons dividendes pour prix de leur peine, on ne le conçoit plus, lorsqu'il s'agit d'entreprises colossales dont les revenus sont incertains et dont les moyens d'exétionon sont si difficiles à réunir (1).

Comment justifier la saisie d'un chemin de fer, par exemple, qui, durant toute la concession, n'aurait donné à ses possesseurs qu'un modique intérêt de deux à trois pour cent? — Indépendamment de

(1) Chacun sait à quoi se réduit, en définitive, la valeur actuelle d'un sacrifice ou d'une perte qu'on ne doit faire que dans un siècle. A nos yeux aussi, il importe donc peu à l'*intérêt présent* des Compagnies que les concessions leur soient octroyées à perpétuité, ou pour un plus long espace de temps, tel que quatre-vingt-dix-neuf ans. Mais si l'on envisage la question sous le point de vue de l'équité, des principes, des encouragements donner, *enfin des prévisions de l'avenir*, elle reprend toute son importance, et c'est sous ces différents points de vue seulement que nous avons voulu l'envisager.

la perte considérable qu'ils auraient faite sur le revenu de leurs capitaux (encore bien que ce modique
produit soit le prix d'un travail et d'une industrie
incessants), l'État qui, lui, au moyen de la satisfaction donnée aux intérêts généraux, aurait beaucoup
profité de cet établissement, viendrait, aux termes
de la loi, s'emparer inhumainement de leur propriété
et les constituer en perte de la totalité de leur capital, en outre de la privation d'un intérêt suffisant
pendant la durée de la concession ! Et si, les dernières années de la jouissance, le chemin était
quelque peu dégradé, le fisc viendrait saisir ses derniers et misérables produits, afin de le mettre en
parfait état et de le recevoir comme neuf !

Cela semble bien dur, bien extraordinaire; cependant lisez le cahier des charges, les choses sont
ainsi arrangées.

On a beau dire : Le sacrifice a été consenti; il n'en
est pas moins injuste et impolitique : injuste, parce
que le consentement n'a pas été entièrement volontaire et libre; impolitique, parce que c'est une entrave au développement des entreprises utiles, et
que ce qui est politique avant tout, c'est non-seulement de ne pas imposer des entraves aux entreprises d'utilité publique, mais de leur accorder des
encouragements et les encouragements les plus
larges et les plus libéraux.

Or, rien ne ressemble moins à cela que la confiscation à l'expiration d'un certain délai, délai pour
la fixation duquel on n'a même aucune base. Y a-
t-il, nous le demandons, rien de pitoyable comme
le débat qui s'engage entre le ministre et les compagnies sur un chiffre dont la fixation ne repose
sur aucune donnée? Pourquoi quatre-vingt-dix-
neuf ans aux uns, quatre-vingts ans aux autres,
ici soixante-dix ans, là cinquante ans, etc.? Pourquoi, pour le chemin d'Orléans par exemple, le Gouvernement a-t-il proposé d'abord l'adjudication sur
quatre-vingt-dix-neuf ans de jouissance, tandis
que, l'année suivante, la Compagnie concessionnaire a dû se réduire à soixante-dix ans, après
avoir vu les négociations au moment de se rompre
parce que le ministère exigeait un nouveau rabais
de dix ans?

Voilà pourtant où conduit l'absence d'un principe bien arrêté, et comment les ministres perdent
leur temps à des négociations sans dignité, qui les
font descendre de leurs hautes fonctions au rôle de
marchands. Quelle différence si l'on avait décidé,
une fois pour toutes, que les concessions de travaux publics sont, de droit, perpétuelles; qu'il n'y
a d'exception à cette règle que lorsque l'État participe aux charges de l'entreprise (qu'alors la concession est limitée à quatre-vingt-dix-neuf ans), ou

bien, lorsqu'il s'agit de travaux de peu d'importance, qu'il importe de faire rentrer dans le domaine public (comme des ponts, par exemple) et dont l'adjudication par soumissions cachetées roule sur le terme de la concession, ce qui évite tous les inconvénients que nous signalions tout-à-l'heure.

Sous un autre point de vue, il est peut-être peu moral d'offrir au public des placements aussi importants à *fonds perdus*; car, si les revenus ne sont pas suffisants pour servir les annuités nécessaires à la reconstitution du capital, ou si les compagnies ne se sont pas imposé elles-mêmes cette sage loi de prévoyance, les actions des chemins de fer ou d'autres entreprises créées sous la loi de la concession temporaire, ne sont pas autre chose que des placements à fonds perdus, et les familles sont infailliblement exposées à perdre un jour un patrimoine que la loi, immorale en ce point, doit forcément faire périr entre leurs mains un peu plus tôt un peu plus tard (1).

En résumé, et pour en finir sur ce sujet, qu'est-ce que la concession d'un pont, d'un canal ou d'un chemin de fer?—L'*autorisation* de faire une chose

______

(1) Tous ces inconvénients disparaissent devant la garantie par l'État d'un minimum de revenu, et c'est une considération nouvelle en faveur de notre système qui répond à toutes les exigences et à tous les besoins.

essentiellement utile au pays.—Pourquoi cette *autorisation* est-elle nécessaire? — *Uniquement* parce qu'à l'État seul est dévolu le droit d'expropriation pour cause d'utilité publique(1). — Voilà réduit à sa plus simple expression ce qu'en France on a considéré jusqu'ici comme l'octroi d'une immense faveur, tandis que, renversant les rôles, c'est en réalité le pays qui est l'obligé. On ne le conteste pas dans les pays où les travaux, à cause de cela même, ont pris un immense développement.

Il serait d'un très-grand intérêt qu'en France, l'opinion publique, ramenée au vrai, envisageât ainsi ces questions, et que le Gouvernement, quand il concède des travaux publics, ne crût pas donner, lorsqu'en réalité c'est lui qui reçoit.

Cela admis (et ce n'est réellement pas contestable quand l'on entre dans le fond de la question), comment concevoir, nous le répétons, qu'à une époque où l'on prétend vouloir accorder à l'esprit d'association, appliqué aux grands travaux publics, tout l'appui et toute la protection qu'il mérite et qui est nécessaire, indispensable à son développement;

(1) Si une propriété s'étendait au loin, sans être coupée par des routes publiques, des fleuves ou des canaux, enfin sans solution de continuité, qui pourrait empêcher le propriétaire d'y créer un chemin de fer, et d'en permettre l'usage au public aux conditions qu'il lui plairait de fixer? Personne.

comment concevoir, disons-nous, que l'on ait consacré dans nos lois un droit de confiscation proscrit
à juste titre partout ailleurs, et qu'on l'ait appliqué
précisément à l'industrie que l'on dit vouloir le
plus encourager?

En vérité, si l'on nous disait qu'il y a dans le
monde un pays très-civilisé où, au bout d'un certain laps de temps, cinquante ou quatre-vingt-dix-
neuf ans, le Gouvernement s'empare de toutes les
propriétés : maisons, terres, manufactures, usines,
etc., nous crierions à la barbarie, à l'oubli des plus
simples notions de l'économie politique, à la violation
de toutes les lois protectrices de la propriété, cette
base fondamentale de toute société, et nous aurions
raison.

Eh bien! nous le demandons, quelle comparaison
possible y a-t-il entre la construction d'une maison
qui ne profite directement qu'à son propriétaire,
ou la fondation d'une manufacture qui ne déve-
loppe qu'une branche isolée de l'industrie, et ces
immenses créations de canaux ou de chemins de fer
qui servent à tous ; viennent en aide à toutes les
industries; enrichissent le trésor public et exercent
une si notable influence sur la prospérité générale?
Assurément, aucune comparaison n'est possible
entre l'utilité relative de ces diverses créations,
non-seulement en raisno de l'importance des capi-

taux qu'elles mettent en mouvement, mais, aussi, des services qu'elles rendent à la chose publique.

Eh bien! cependant, on crierait à la violation de tous les droits, à la négation du plus simple bon sens, si l'on voulait limiter la possession des premières, et l'on trouve tout naturel de s'emparer des autres; et cela par l'unique raison qu'on a contraint le fondateur de ces belles entreprises à en souscrire d'avance l'abandon, quel que soit d'ailleurs le sort que la fortune lui réserve, durant les années de jouissance qui lui ont été accordées comme par grâce.

Et c'est en France que ces choses se passent, et c'est dans le sein des Chambres où siége l'élite de la nation que de pareilles erreurs ont pu s'accréditer, et à une époque où l'on prétend encourager les travaux publics!......

Mais, l'erreur dans laquelle une administration qui rêvait le monopole des travaux publics, a fait tomber les pouvoirs législatifs, ne sera pas de longue durée; déjà cette erreur est, en grande partie, dissipée, et le moment approche où cette question sera complètement dégagée des nuages qui l'ont obscurcie, pendant quelques années. A ce moment, la concession à perpétuité sera consacrée définitivement, sauf les exceptions dont nous avons parlé.

§ III.

Modifications des plans et tracés.

En ce qui touche la liberté des tracés et l'adoption des meilleurs modes d'exécution, relativement aux travaux d'art, pentes, courbes, etc., qui peuvent exercer une si puissante influence sur les dépenses, sans rien changer à l'effet qu'on se propose d'obtenir; conditions rigoureuses dont, en ce moment, les Compagnies demandent à grands cris la révision, nous nous étions réservé (art. 1er de notre soumission) d'apporter en voie d'exécution, *de concert* avec l'administration des Ponts-et-Chaussées, toutes les améliorations qui seraient reconnues utiles.

Nous partions de cette donnée, que l'alliance franche et sincère du Gouvernement avec l'industrie privée ayant été scellée par l'appui du crédit de l'État, par son association, sa participation aux mauvaises chances de l'entreprise, il serait intéressé lui-même à consentir tout ce qui aurait pour objet de diminuer les dépenses sans compromettre la bonne exécution du chemin, ou d'augmenter les recettes; en d'autres termes, d'assurer le succès de la Compagnie et de s'affranchir des conséquences de sa garantie.

Cette considération générale, que nous croyons

juste, reprendrait toute sa force si le système d'alliance, d'association que nous avons proposé, était
enfin adopté et devenait la base solide sur laquelle
viendraient s'asseoir les vastes travaux projetés,
dont l'exécution la plus prompte est si désirable ; et,
en ce qui touche les concessions déjà votées, rien
n'empêcherait de réviser et de modifier les conditions imposées aux Compagnies. Ainsi, d'élever à
cinq millimètres le maximum des pentes ; de réduire
à cinq cents mètres la courbe des rayons, etc., sauf
encore à modifier exceptionnellement ces conditions, quand la nécessité, ou seulement l'utilité, en
serait démontrée. En un mot, il faut admettre que
l'administration n'imposerait désormais aucune
condition onéreuse aux compagnies, qui ne fût motivée par une véritable utilité. Tel serait le principe
qui devrait présider à tous les rapports de l'administration avec l'industrie privée.

Une autre combinaison essentielle dans d'aussi
vastes entreprises, est celle qui résulte de l'art. 2
de notre soumission.—La Compagnie des chemins
de fer du Nord entendait opérer *par sections*, c'est-
à-dire qu'elle n'entendait encourir la dépossession
des travaux entrepris, que dans le cas où une section
n'aurait pas été achevée dans son entier et ne serait pas livrée à la circulation dans le délai convenu.
Si l'expérience acquise par l'achèvement des pre-

mières sections livrées à la circulation, ou si des
événements politiques graves, étaient venus la dis-
suader de son entreprise, ou l'empêcher de l'achever
(la garantie de l'État ne permet l'exécution que de
ce qu'on croit bon au point de vue financier, non
de ce qui est reconnu mauvais, nous ne saurions
trop le répéter), elle aurait déclaré ses travaux
bornés à la section ou aux sections achevées. —
La garantie aurait porté sur les dépenses effectuées,
et le Gouvernement aurait recouvré le droit de reprendre pour lui-même, ou d'accorder à d'autres, la
portion de la concession dont la Compagnie n'aurait pas voulu ou pu profiter.

Tout ceci est rationnel et permet d'entreprendre,
sans témérité, des travaux qui, autrement, seraient
gigantesques et inabordables pour des associations
privées; et l'inconvénient n'est nulle part; car personne n'a d'intérêt à forcer une compagnie à entreprendre des travaux qui, après expérience faite, ou
par suite d'événements nouveaux et imprévus, devraient n'aboutir qu'à la ruine. Ce n'est pas ainsi
qu'un gouvernement libéral peut entendre les encouragements à donner à l'esprit d'association.

Et, qu'on le remarque bien, cette réserve faite
par la Compagnie de s'arrêter à Rouen, si elle le ju-
geait à propos, et de ne pas faire l'embranchement
sur le Hâvre, par exemple, si de mûres études prou-

vaient que ce serait une folie; cette réserve, disons-
nous, est la réponse la plus péremptoire à ceux qui
pensent qu'avec une garantie d'intérêts, on peut
tout faire, tout entreprendre, même les choses les
plus folles... Ainsi, en outre de ce qu'il faut à toute
entreprise l'adhésion du Gouvernement et des Chambres (qu'on n'obtient pas facilement déjà et qu'à
plus forte raison, on obtiendrait moins facilement
encore, si le Trésor pouvait être appelé à des sacrifices), les Compagnies n'entreprendraient, *même
avec la garantie de l'État,* que les travaux qui leur
promettraient un revenu bien supérieur à celui
garanti.

Or, l'embranchement sur le Hâvre étant d'un
revenu douteux, en raison de la concurrence du
fleuve, la Compagnie avait voulu se réserver son
libre arbitre à cet égard.

C'est ainsi que l'on devrait toujours agir:
aller du petit au grand; procéder du connu à l'inconnu; c'est le moyen pour l'État et les Compagnies de ne pas faire de grandes fautes; c'est
ce que nous avions proposé et ce que nous soute-
nons encore devoir être fait par la Compagnie de
Paris à la mer.

CHAPITRE III.

De la garantie par l'Etat d'un minimum de revenu, base fondamentale d'un grand système d'encouragement des travaux
publics en France.

Persuadée qu'avec l'appui du crédit de l'État,
l'industrie privée pourrait mener à fin les travaux
les plus considérables, tandis qu'autrement, elle ne
pourrait rien faire, ou à peu près rien, la Compagnie
des chemins de fer du Nord avait constamment
fait, de cette condition, la base fondamentale de son
entreprise. Pendant quatre années consécutives, elle
n'a cessé de chercher à faire comprendre les avantages de ce système, fécond en grands et beaux résultats; et, s'il était enfin adopté, nous l'avons déjà
dit, la courte existence de cette Compagnie n'aurait
pas été sans utilité.

Voici comment elle avait formulé sa proposition :
(Art. 4 de sa soumission.)

« L'État garantira à la Compagnie, pendant l'es-
« pace de 46 années, un minimum de revenu net
« de 4 pour cent l'an sur le montant des capitaux
« employés dans l'entreprise.

« Pendant la durée des travaux , la Compagnie
« servira semestriellement aux actionnaires un in-
« térêt de 4 pour cent par an, dans la proportion
« des versements effectués par eux. Ces intérêts
« entreront en élément dans les dépenses généra-
« les, sur lesquelles portera la garantie du Gouver-
« nement. Les recettes produites par l'exploitation
« des parties de lignes qui pourront être livrées
« successivement au public seront affectées au
« service desdits intérêts , et viendront en déduc-
« tion des sommes à prélever pour cette destination,
« sur le capital de la Compagnie.

« La garantie mentionnée ci-dessus, commen-
« cera à dater de la déclaration par la Compagnie
« de l'achèvement de ses travaux ; ladite garantie
« sera exécutoire toutes les fois que les produits
« de l'ensemble des sections achevées, ne se
« seraient pas élevés, dans le semestre expiré , à
« 2 pour cent du capital employé dans l'entreprise ;
« dans ce cas, le complément serait fourni par
l'État

« S'il arrivait que, par suite de la disposition qui
« précède, l'État eût été appelé à fournir tout ou
« partie du minimum garanti à la Compagnie, et
« que les bénéfices nets des années subséquentes
« s'élevassent à plus de 6 pour cent, l'excédant de
« ces 6 pour cent serait affecté, en totalité, au rem-
« boursement des sommes qui auraient été payées
« par l'État. »

On voit de suite combien de choses importantes
se trouvent dans cet article 4.

1° Création d'un crédit public industriel ; 4
pour cent de revenu assuré pendant quarante-six
années, permettent la création d'un effet public
remboursable au pair et portant 3 pour cent d'intérêt.

2° Pendant les travaux, les versements effectués
par les actionnaires, sont productifs d'un intérêt à
raison de 4 pour cent l'an, taux actuel de l'argent.
Ces intérêts viennent s'ajouter aux dépenses générales et en augmenter la quotité, et cela avec raison, comme nous le prouverons plus loin.

3° La garantie de l'État ne devient exigible
qu'après l'achèvement des travaux et lorsque le
chemin, livré à la circulation, aura fixé toutes les
incertitudes sur ses produits.

Cette garantie porte sur la somme dépensée, et le
trésor fournit, de ses deniers, ce qui peut manquer

pour assurer 2 pour cent par semestre, tant aux actionnaires qu'à l'amortissement.

4° **Enfin,** si l'entreprise, d'abord malheureuse, revenait à un état de prospérité, tous les excédants d'un revenu net de 6 pour cent seraient spéciale-ment consacrés, et jusqu'à parfaite extinction, au remboursement des avances que le trésor aurait pu faire, pendant les années antérieures, par suite de sa garantie.

Nous allons examiner, une à une, ces diverses stipulations. Elles sont, au reste, à elles seules, le système tout entier; car les autres immunités de-mandées, n'en sont que la conséquence. Une fois la garantie admise, tout le reste coule de source : aussi nous livrerons-nous encore sur ce point à quelques développements nouveaux, bien que déjà nous ayons traité, et à plusieurs reprises, cette question majeure.

§ I.

La garantie de 3 pour cent d'intérêt et 1 pour cent d'amortissement, en tout 4 pour cent pendant quarante-six ans, est tout juste ce qu'elle doit être : ce chiffre, réduit à 3 pour cent ne permettrait plus d'assurer, tout à la fois, un intérêt suffisant et le

remboursement des capitaux, et, dès-lors, le but serait manqué; car il ne faut pas perdre de vue que le
principal avantage de cette combinaison, est d'attirer dans les travaux publics, les capitaux nécessaires à leur exécution. Or, le remboursement du
capital et le service *assuré* d'un modique intérêt
de 3 pour cent, sont indispensables à l'attraction
qu'il s'agit d'exercer et à la confiance qu'il importe
de relever.

Il ne faut pas se le dissimuler, les grands capitaux, en France, sont rares, et de plus, ils ne
sont pas disponibles. — La France est riche, sans
doute, mais elle l'est, surtout, de la multitude des
petits propriétaires qu'elle renferme; réjouissons-
nous-en, cet ordre de choses vaut mieux, sous
beaucoup de rapports, qu'une grande opulence
d'un côté et une grande misère de l'autre, spectacle
que nous offrent des pays voisins. — Mais, dans
l'état présent des choses, ce mode d'existence n'est
nullement propice au rassemblement de grands
capitaux et à leur application aux grands travaux
projetés. Ces agglomérations ne peuvent se former
que par la cohésion de tous les petits capitaux disponibles existants, et se recomposant sans cesse par
l'épargne et le travail.

Dans l'état des esprits et surtout avec le discrédit qui a accueilli, dès le début, les entreprises de

chemins de fer, il faut moins que jamais espérer de réunir en faisceau ces capitaux, à moins de leur présenter une sécurité que l'État peut seul leur offrir. Cette agglomération ne sera possible que lorsque les bourses les plus timides, les grandes, les moyennes comme les plus petites, viendront s'ouvrir d'elles-mêmes pour alimenter et satisfaire les besoins considérables d'argent qu'entraîne l'exécution des travaux projetés.

Sans la condition fondamentale de l'appui du crédit de l'État, nous persistons plus que jamais à dire que l'industrie privée est encore, et pour long-temps peut-être, impuissante pour l'exécution de ces grands ouvrages qu'on admire ailleurs, tandis qu'ici on les attend encore; et il en est ainsi, parce que si le génie et l'activité ne nous manquent pas, non plus que les capitaux, ces capitaux n'osant pas se livrer aux chances des entreprises, sont, pour elles, comme s'ils n'existaient pas.

Il faudrait donc, pour attirer les capitaux en quantité suffisante et avec certitude de succès, une garantie de 3 pour cent d'intérêt et un pour cent d'amortissement, en tout 4 pour cent.

Si ce chiffre était plus élevé, on tomberait dans un autre inconvénient non moins grave; je m'explique :

Une garantie d'intérêt qui entraînerait de la part

du Gouvernement des entraves au libre mouvement des Compagnies, neutraliserait tous les avantages que l'on attend de la gestion des conseils d'administration particuliers, substitués à toutes les
formalités, à tous les rouages administratifs de
l'État.

Cette garantie ne serait pas désirable, s'il fallait
subir toutes ces formalités et passer par toutes les
filières administratives.

Il faut sans doute que l'État, représenté dans
les compagnies par un commissaire du roi, contrôle,
surveille, sache enfin tout ce qui se passe dans leur
sein; mais il faut aussi qu'il ne prenne aucune part
quelconque à l'administration proprement dite. Et
comme cependant le trésor peut être engagé dans
des déboursés par suite de sa garantie, il lui faut,
à lui aussi, une garantie contre la mauvaise gestion,
et il doit la trouver dans l'intérêt évident, constant,
incontestable de la compagnie elle-même. Or dans
notre système, ce ne serait que dans le cas d'une
perte notable, que la Compagnie se trouverait réduite
à la dure nécessité de recourir à la garantie de l'État.

La rente 3 pour cent se négociant à la Bourse au
prix de 80, il est évident que le 3 pour cent industriel garanti par l'État, lorsqu'on devrait avoir recours à lui, ne vaudrait pas davantage, et que les actions, non-seulement ne resteraient pas au pair, mais

tomberaient immédiatement de 15 ou 20 pour cent, sans parler du travail obligé des administrateurs et des soins de tout genre qu'exigent ces entreprises, qui seraient en pure perte.

Le taux de la garantie d'intérêt que nous avons demandée pour les entreprises jugées dignes d'un grand encouragement de la part de l'État, serait donc assez élevé pour attirer les capitaux en suffisante quantité, mais il le serait assez peu pour maintenir les compagnies dans l'obligation permanente de faire *tous leurs efforts* pour ne recourir jamais à l'État, ou y recourir le moins possible.

Là est la clé de la voûte; dans l'état actuel du crédit, tout changement à ce chiffre détruirait l'économie et ferait disparaître tous les avantages de la combinaison.

La garantie de l'État ne rendra pas une affaire bonne si, par elle-même, elle est mauvaise; seulement, elle attirera les capitaux sur les entreprises présumées bonnes et leur permettra de s'achever ; mais pour celles sur lesquelles on aura porté un faux jugement, elle n'aura d'autre effet que d'en empêcher la ruine totale, alors que l'État en retirera indirectement, lui, toutes sortes d'avantages.

Nous avons expliqué, ailleurs, combien seraient légères les charges auxquelles cette espèce d'assurance des travaux publics pourrait entraîner le Trésor: nous n'y reviendrons pas (1). Cependant l'Etat a voulu donner des subventions considérables, à une époque où la nécessité d'un secours n'était pas, assurément, aussi bien démontrée qu'elle l'est aujourd'hui. Pourquoi refuserait-il, maintenant, un appui moral qui est indispensable? D'ailleurs, qu'on le remarque bien, c'est essentiel : les capitaux nationaux servent seuls aux travaux publics de chaque pays; ainsi, ce sont les capitaux anglais qui ont fait les canaux et les chemins de fer anglais; les capitaux américains qui ont fait les canaux et les chemins de fer américains; en France, c'est des capitaux français seulement dont nous devons attendre le secours, et, quoiqu'au moyen de la combinaison proposée, les capitaux nationaux fussent sans doute bien suffisants pour réaliser tous les beaux plans projetés, cette combinaison attirerait encore les capitaux étrangers, qui se portent volontiers sur les fonds publics; or, il est incontestable qu'un des principaux avantages de la garantie de l'État, serait de donner aux actions des grandes compagnies, ce caractère précieux d'effets publics qui ferait affluer, en France, sur les travaux d'utilité générale, non seule-

____

(1) La presse est presque unanime à ce sujet. Les mémoires des diverses Compagnies en instance auprès du Gouvernement sont aussi très explicites sur ce point. (*Voir aux notes et documents*, n° 7.)

ment les capitaux français, mais encore les capitaux étrangers s'ils étaient nécessaires.

Tout le système peut se résumer en deux mots : Si les entreprises garanties donnent un produit égal ou supérieur à 4 pour cent, la garantie de l'État est sans effet : c'est un appui purement moral qui aura permis, au grand profit de tous, d'exécuter les plus grands et les plus beaux ouvrages (1).

Si les entreprises garanties (mettons tout de suite les choses au pire) ne produisaient rien, le Gouvernement se trouverait dans cette position que les ouvrages lui appartiendraient et qu'ils auraient été exécutés par l'industrie privée à meilleur marché et plus vite que par l'administration des Ponts-et-Chaussées (nous tenons ce point comme hors de contestation).

(1) En Angleterre, au mois de février dernier, vingt-deux chemins de fer en exploitation ou en cours d'exécution, représentaient dans leur ensemble une prime moyenne de 36 p. cent sur les capitaux versés par les actionnaires, ce qui suppose un revenu de 5 et demi p. cent environ en moyenne.

C'est la preuve qu'on n'aurait, pour ainsi dire, jamais recours au Trésor, en vertu de la garantie. Car, il est bon qu'on le sache, s'il est vrai que, presque toujours, les dépenses des chemins de fer dépassent les prévisions, il ne l'est pas moins que les recettes les dépassent aussi, et dans des proportions beaucoup plus fortes. L'inconnu, dans les entreprises de chemins de fer, n'est donc une difficulté, un ennemi redoutable, qu'en ce qui concerne la réunion de capitaux suffisants, et l'on sait que notre système a, surtout, l'incontestable mérite de faire disparaître complètement cette difficulté.

De cette position, qui est la pire de toutes, il résulterait que, pour faire ces grands travaux, le Gouvernement se serait servi *gratis* de l'industrie privée, et se serait procuré les capitaux nécessaires au moyen d'emprunts en 3 pour cent au pair, c'est-à-dire à 25 pour cent meilleur marché que le cours de ce fonds public.

Quel mal y aurait-t-il à cela?......

On le voit donc, dans tous les cas, dans toutes les suppositions possibles, la situation du Gouvernement serait préférable à celle qui résulterait de l'exécution par l'État, et la Chambre, en adoptant le système que nous avons proposé, système qui, seul, rend possible de grands travaux par l'industrie privée, compléterait dignement sa sage résolution de refuser à l'administration des Ponts-et-Chaussées tous les travaux qui, pouvant se faire par l'industrie privée, doivent lui être concédés de préférence, même avec l'appui de l'État, quand l'importance des travaux rend cet appui nécessaire.

§ II.

Pendant la durée des travaux, les intérêts à 4 pour cent seront servis aux actionnaires sur les versements effectués.

Nous avons dit, tout à l'heure, que l'on ne réunirait les capitaux nécessaires aux grandes entreprises projetées, qu'en y attirant, par l'appui du crédit de l'État, non les capitaux des grandes fortunes, d'ailleurs fort rares en France et employés ailleurs, mais les produits de l'épargne de cette masse innombrable de petits propriétaires, dont se compose la véritable richesse du pays.—Or, ces petits propriétaires ont besoin de leurs revenus pour vivre, et leur imposer la condition de s'en passer pendant cinq ou six années, c'est leur imposer une condition à laquelle la plupart d'entre eux ne pourraient pas ou ne voudraient pas se soumettre; c'est donc les éloigner comme à plaisir de toute participation aux grandes entreprises projetées.

D'ailleurs, cette considération à part, on ne conçoit pas que le Conseil-d'État n'ait pas su faire la différence qui existe, entre servir des intérêts abusivement, en les prenant sur le capital à défaut de revenus suffisants (ce qu'il fait très bien d'empêcher), et payer aux actionnaires les intérêts de capitaux fractionnaires, forcément et nécessairement improductifs, jusques au moment où l'entreprise achevée entre en activité.

A ce moment, on le conçoit, il n'y a de répartition possible que le bénéfice provenant de l'exploitation; et le Conseil-d'État agit fort judicieusement en empêchant qu'on ne distribue, sous le nom d'intëréts, des bénéfices supposés, ce qui serait tromper le public; mais, lorsqu'un ouvrage s'élève, pendant la durée des travaux, avant qu'il ne puisse produire un centime, l'intérêt des capitaux versés pour la confection de ces mêmes travaux, n'est-il pas un élement de dépense aussi naturel, aussi légitime que l'achat des terrains, des pierres, du bois, du fer et de tout ce qui est nécessaire à l'entreprise?

Et en voulant éviter de donner aux actions une valeur factice, ne les affecte-t-on pas d'une dépréciation qui n'est pas plus justifiable?

En effet, si une entreprise de 10 millions, dépensés réellement en achats divers, a amené pour les actionnaires une perte d'intérêts, pendant les travaux, de 2 millions par exemple, le coût total n'est-il pas de 12 millions, au lieu d'être de 10, et le pair véritable des actions n'est-il pas 1,200 fr. au lieu de 1,000 francs?

En procédant ainsi, on attribue donc aux actions une valeur nominale inférieure à leur valeur réelle, et l'on crée, sans raison aucune, des causes d'erreurs dans l'appréciation du coût exact des entreprises (1).

(1) En effet, le pair des actions de Saint-Germain et Versailles par exemple n'est pas 500 francs, chiffre nominal des actions. La perte des intérêts durant les travaux a réellement porté le pair aux environs de 550 fr.

On voit donc qu'il y a, dans cette manière de procéder, plusieurs inconvénients graves qu'il importe de détruire et qui se trouvent tout naturellement rectifiés dans le système de la garantie; car *comme elle doit porter sur le coût réel de l'entreprise,* alors même qu'il n'y aurait pas de convenance à payer les intérêts aux actionnaires sur leurs versements successifs (et il n'en est pas ainsi), l'exactitude des comptes en eût fait une obligation, puisque de cette manière seulement on obtient le chiffre exact du coût de chaque entreprise.

C'est ici le cas de parler de la seule objection *sérieuse* qu'à notre connaissance on ait encore faite au système de garantie; on nous a dit :

« Vous voulez une garantie de 4 pour cent sur le
« montant des dépenses de l'entreprise : c'est bien;
« mais, malgré les bonnes raisons que vous faites
« valoir pour expliquer comment les Compagnies
« auront un grand intérêt à réduire ces dépenses
« le plus qu'elles le pourront, et les réduiront en
« effet, il n'en est pas moins indispensable d'arrêter
« d'avance le chiffre de ces dépenses, afin de limiter
« les charges éventuelles de l'État. »

A cela, nous répondons que, du moment où l'on a reconnu que les Compagnies exécuteraient les travaux plus économiquement que l'État, la question qui nous occupe s'est trouvée résolue. — En

effet, si l'État exécutait lui-même, non-seulement
il courrait toutes les chances éventuelles des devis,
augmentées de tous les inconvénients qu'on reproche aux travaux exécutés par les agents des
Ponts-et-Chaussées, mais encore, il ne pourrait, à
aucun prix, limiter, ni le temps de l'achèvement des
travaux, ni le montant des dépenses; on ne le sait
que trop; tandis que, pour les Compagnies, le
délai accordé pour les travaux est presque toujours
devancé, et qu'en ce qui touche le montant des dépenses (bien que, pour les Compagnies comme
pour le Gouvernement, on ne puisse jamais le fixer
d'avance d'une manière absolue), il serait possible
de le renfermer dans une somme *maximum* au-delà
de laquelle l'État ne serait plus engagé. Si la dépense restait au-dessous de ce *maximum*, la garantie ne porterait que sur les dépenses réellement
effectuées, et si, au contraire, le maximum fixé
était dépassé, l'État aurait à vérifier si cet excédant
de dépenses est suffisamment justifié, et il aurait le
droit d'accorder ou de refuser sa garantie, pour cet
excédant, selon les circonstances dont il serait seul
juge.

En procédant de cette manière, le principe, essentiellement juste, que la garantie doit porter sur toute
la dépense, serait consacré comme il doit l'être, et cependant, l'État ne serait engagé réellement que jus-

qu'à concurrence des *maximum* qu'il aurait fixés.

Ainsi se résout facilement la seule difficulté sérieuse qui ait été soulevée contre le système de la garantie de l'État.

§ III.

Un point essentiel et bien digne de remarque dans notre système, *c'est qu'aucune charge ne peut incomber à l'État avant l'achèvement complet des travaux et la mise en exploitation des services* : ce qui ne peut avoir lieu que long-temps après que l'État aura recueilli, ou pendant qu'il recueillera, par l'impôt, de nombreux et importants revenus; de sorte que, même au point de vue étroit et isolé de l'intérêt financier du Trésor, le système de garantie, loin d'imposer des charges, offre des avantages notables.

D'ailleurs, comme on l'aura remarqué, nous avons voulu attacher un cachet de haute moralité à ce système, en stipulant que tous les paiements faits par le Trésor, en exécution de sa garantie, ne seraient considérés que comme des avances; afin que, comme cela arrive presque toujours, si, après quelques années malheureuses, l'entreprise venait à prospérer, ces avances fussent remboursées inté-

gralement et jusques à parfaite extinction, au moyen
de tout revenu excédant un dividende de 6 pour
cent réparti aux actionnaires.

De sorte que, nous le répétons avec une entière
conviction, l'appui de l'État, si fécond en résultats
utiles, serait seulement un appui moral qui n'entraînerait l'État dans aucune charge réelle.

Et c'est seulement dans cette confiance, que des
compagnies, quoique soutenues par cet appui, entreprendraient des travaux d'utilité publique; car
il n'est pas d'usage qu'on travaille long-temps et
beaucoup pour perdre le quart de son capital. La garantie, après avoir assuré les travaux, en permettant
de réunir les capitaux nécessaires, n'aurait d'autre
objet que de dégager une portion de l'inconnu de
ces immenses ouvrages, et d'empêcher la ruine de
l'entreprise, si, par hasard, l'on s'était trompé aussi
grossièrement sur les espérances qu'elle avait fait
naître. En cas de malheur, la garantie peut être dé-
finie par un seul mot : c'est un PARACHUTE (1).

(1) Cette combinaison nous paraît réunir tous les avantages :
elle rassure les associations contre les chances d'une perte entière, et en même temps elle e grève le Trésor que dans le
cas où son appui deviendrait *un acte de justice, un acte de
justice nationale.*

En effet, si, contre toute probabilité, une Compagnie exécutante, réunissant d'ailleurs toutes les conditions de succès,
ne trouvait, en retour de ses efforts et de ses sacrifices, que la

§ IV.

*Liberté des tarifs, ou, tout au moins, fixation de maxi-
mum élevés, équivalant à la liberté.*

La fixation des tarifs peut avoir une influence
vitale sur le résultat des entreprises, non pas que
nous pensions que plus ils sont élevés plus les produits sont grands; nous croyons que le contraire a
lieu en général; mais il est une foule de causes, de
circonstances, soit momentanées soit permanentes,
qui peuvent exiger des modifications dans les tarifs, tant pour les personnes que pour les marchandises.—En un mot, *le meilleur tarif,* selon nous, *est
celui qui attire le plus de transports :* or, ce principe
admis, le tarif commence à devenir mauvais aussitôt
qu'une augmentation de prix, est cause d'une diminution de produits.

perte des sommes qu'elle aurait consacrées à cette tentative si favorable au pays, l'État ferait-il autre chose qu'un acte de justice,
en la préservant, par son intervention, d'un désastre complet?
Certes, des associations qui auraient, à leurs dépens, doté le
pays de grandes lignes de chemins de fer ou de canaux, de ces
voies de communication si puissamment favorables à sa prospérité, seraient dignes de toute la sollicitude du Gouvernement
et de la nation, et l'État n'eût-il rien promis, qu'il serait encore juste et politique d'accorder à ces grandes associations des
adoucissements à leur triste position.

Ceci ne sera contesté par personne. Il ne le sera pas davantage, que telle marchandise qui voyage par les diligences, pour arriver plus vite, et qui, sur les chemins de fer, obtiendrait au moins une vitesse double, serait assez favorisée, si l'on diminuait les frais de transport dans la proportion de 4 à 1 ;

Si les marchandises qui vont par le roulage accéleré, et qui acquerraient une vitesse triple, ne coûtaient que la moitié des frais actuels;

Si les voyageurs qui, dans les diligences à deux lieues à l'heure, paient, en moyenne, au moins 13 cent. par kilomètre, ne payaient désormais, pour faire dans le même temps quatre ou cinq fois plus de chemin, que 8 à 10 centimes, selon les places qu'ils occuperaient;

Enfin, si pour transporter, à certains jours et dans certains cas, des masses d'hommes, des populations tout entières, on abaissait la dernière classe de transport à un prix infime, comme 3 ou 4 centimes par exemple.

Certes, l'intérêt public serait, de cette manière, amplement satisfait; et, d'ailleurs, il est de la dernière évidence qu'en France, où les communications gratuites sont si multipliées, où elles vont se multiplier encore par les services accélérés qui s'organiseront sur nos fleuves et nos canaux, lorsqu'on aura livré ceux-ci à une navigation facile et non interrompue (ce qui, il faut l'espérer, aura lieu bientôt), il est de la dernière évidence, disons-nous, que, l'usage des chemins de fer étant volontaire, on ne s'en servira qu'autant qu'on aura des motifs de préférer cette voie nouvelle : les Compagnies seront, par cela même, obligées, dans leur propre intérêt, de calculer leurs tarifs de manière à ce qu'on use le plus possible des nouveaux chemins, lesquels, créés à grands frais, ne peuvent prospérer qu'à cette condition.

L'intérêt des Compagnies est donc en parfaite harmonie avec celui du public, qui, sans contredit, est de payer le moins possible; mais cependant assez pour que les entreprises, en prospérant, soient maintenues dans un état parfait d'entretien et de bonne administration, et se multiplient par le succès même.

Cela admis, la conséquence qui en découle, est la liberté des tarifs.

Au reste, cette liberté existe partout où l'on a compris les avantages qui résultent d'un grand développement de travaux publics, et il n'y aurait aucune raison pour qu'en France, on ne fît pas ce qui a si bien réussi ailleurs. Mais une opinion diamétralement opposée a régné trop long-temps; cette opinion, faussée à dessein par ceux qui l'ont propagée, est encore trop récente, et le Gouvernement, qui l'a partagée, est encore trop sous l'influence des Ponts-et-Chaussées, en ce qui touche ces questions, pour que nous osions nous flatter de voir le pays entrer, dès à présent, dans une voie aussi large et aussi féconde : ce serait trop demander à la fois, et nous nous bornons à constater ceci : c'est que, dans l'incertitude complète où l'on se trouve sur le coût définitif des travaux et sur l'importance des transports réservés aux chemins de fer, il est vraiment absurde de vouloir fixer d'avance les tarifs; la seule marche raisonnable et logique, à défaut de la liberté, c'est de calculer des *maximum* de tarifs qui, en assurant au public une économie notable sur les voies actuelles, permettent aux Compagnies, dans les limites de ces *maximum*, de se mouvoir selon les circonstances. Nous avons établi que l'intérêt véritable des compagnies était d'attirer sur les chemins le plus de transports possible; or, l'économie étant l'un des éléments les plus puissants du succès, il est incontestable qu'un abaissement convenable des tarifs ne sera pas négligé par des administrations, je ne dis pas à la hauteur de leur mission, mais qui auront seulement le sentiment de leur intérêt. De sorte que l'on trouve, dans cette combinaison, toutes les garanties désirables, en même temps que l'on n'impose pas, sans motif, des entraves à l'esprit d'association.

Dans le système de la garantie par l'État d'un *minimum* de revenu, une autre raison en faveur de notre opinion, et ce sera la dernière, c'est qu'il importe d'assurer aux compagnies des revenus suffisants, afin de rendre cette garantie nulle et d'affranchir le trésor de toutes charges pécuniaires. — Et ce n'est pas un des moindres avantages de ce système, de faire que le Gouvernement soit amené, par le sentiment de son propre intérêt, à accorder aux Compagnies tout ce qui peut assurer leur succès. Or, des tarifs convenables en sont une des conditions essentielles.

Nous nous résumons : puisqu'en France on n'est pas assez avancé pour accorder, comme en Amérique, la liberté des tarifs (liberté qui n'y a produit que de bons résultats et aucun des résultats dommageables qu'on redoute ici, on ne sait pourquoi), qu'au moins, comme en Angleterre, on accorde des *maximum* de tarifs assez élevés, pour que les compagnies puissent se mouvoir en liberté et fixer, elles-mêmes, avec connaissance de cause, les tarifs qui, en définitive, devraient être perçus (1).

(1) En Angleterre, les tarifs *maximum* sont presque uniformes (*voir aux notes et documents, n° 10*); ce n'est que dans l'application que chaque compagnie leur fait éprouver des variations, selon les circonstances qui leur sont particulières. La plupart du temps, le droit de péage seul est fixé et les droits de transports sont laissés à la discrétion des Compagnies. Il

Hors de là, il n'y a plus qu'arbitraire et ténèbres, et ce n'est pas ainsi qu'on doit procéder dans des matières aussi sérieuses. — On le reconnaît généralement aujourd'hui ; aussi pensons-nous que ce point est acquis, désormais, à la législation des travaux publics.

§ V.

Embranchements et liberté de parcours des lignes.

(Art. 7. de la soumission.)

« La Compagnie s'engage à laisser embrancher
« sur ses différentes lignes les chemins de fer
« qu'on demandra à y faire aboutir, pourvu qu'il
« n'en résulte aucun obstacle à la circulation, ni
« aucuns frais particuliers pour elle.

« Elle permettra également aux voitures et wa-
« gons, faisant le service desdits chemins, de par-
« courir tout ou partie de ses propres lignes, moyen-
« nant un droit de péage qui sera réglé de gré à
« gré, mais qui, dans aucun cas, ne pourra excéder

---

existe cependant, en général, une limite extrême, pour le péage et le transport réunis, que les compagnies ne doivent pas dépasser, et au-dessous de laquelle elles se maintiennent toujours dans leur propre intérêt : c'est, par kilomètre, 23 centimes par voyageur, et 36 à 40 c. par tonneau. Quelle distance de nos tarifs de 7 1/2 et 10 centimes !

« les bases du tarif en usage pour son propre ser-
« vice. — Le parcours des lignes de la Compagnie
« ne pourra être effectué qu'à l'aide de ses propres
« machines locomotives. »

Que résultait-il de ces stipulations de la Compagnie des chemins de fer du Nord?

Elle s'engageait à laisser embrancher tous les
chemins qui demanderaient à aboutir aux siens; le
prix du parcours, sur tout ou partie de sa ligne, devait être réglé à l'amiable et de gré à gré, et ne devait jamais dépasser le tarif en usage pour son propre service. Enfin, le parcours de wagons étrangers
devait être effectué à l'aide des propres machines de
la Compagnie.

Cet article faisait donc disparaître une difficulté
des plus sérieuses : celle qui résulte de la division du
tarif en frais de péage et frais de transport, et de la
fixation tout-à-fait arbitraire de ces deux éléments
du tarif.

Il est certain que la faculté de parcourir, dans
toute leur étendue, les diverses lignes successivement soudées les unes aux autres, étant réciproque, les Compagnies ne pouvaient manquer de
s'entendre entre elles, et elles se seraient en effet
entendues, soit pour un abonnement réduit de part
et d'autre, soit pour subir, les unes et les autres,
le tarif en usage.

Au reste, si l'on a admis, par les raisons que nous avons fait valoir, que les tarifs doivent être libres ou limités par un *maximum élevé*, on admettra aussi, par voie de conséquence, que l'intérêt des Compagnies les portera, tout naturellement, à s'arranger avec les propriétaires des lignes correspondantes à la leur, afin d'obtenir, par ce moyen , un accroissement de transports, et le plus fort possible.

La division du tarif en deux sections est donc sans objet; ou, tout au moins, il faudrait laisser aux Compagnies le soin de la faire comme elles l'entendraient. On s'est mal à propos préoccupé d'une chose sans importance : il suffisait que la loi stipulât que les chemins pourraient s'embrancher les uns sur les autres et les wagons étrangers y circuler librement ; et même cette stipulation, comme nous l'avons dit, était inutile, car il est évident que l'intérêt des Compagnies, un intérêt majeur, vivace , se trouve dans le prolongement de la ligne qui leur est concédée et dans ses ramifications les plus nombreuses ; que, dès-lors, loin de s'y opposer, elles feront toujours tout ce qui dépendra d'elles pour faciliter l'établissement de nouvelles entreprises dont le résultat le plus certain sera d'augmenter leurs produits.

Cela tombe sous le sens, et l'article 6 de la loi de concession du chemin de Paris à Orléans, qui donne au Gouvernement le droit de réviser les proportions du tarif au bout de cinq ans, a consacré, sans utilité, un principe faux, essentiellement injuste, puisqu'il ne va à rien moins, qu'à la ruine possible de la Compagnie (1).

On sait bien que le Gouvernement ne fera jamais

(1) Pressée de justifier les proportions établies dans le tarif soumis à l'approbation de la commission de la Chambre des députés, l'administration est convenue qu'elle n'avait, pour cette fixation, aucune base certaine d'appréciation, et que, dans cette circonstance, on opérait en quelque sorte au hasard. (N'est-il pas déplorable d'être réduit à voter des lois dans un vague pareil!)

C'est pour sortir d'une position aussi embarrassante que la commission crut devoir proposer à l'adoption de la Chambre l'article additionnel suivant :

(Article 6.)

« Cinq ans après l'achèvement des travaux, le tarif inséré
« au cahier des charges pourra être révisé législativement et
« modifié, quant à la proportion relative attribuée au péage et
« au transport, et quant à la classification des divers objets sou-
« mis aux taxes. Cette révision sera renouvelée tous les quinze
« ans, sans préjudice de celle qui est autorisée par l'article 43
« du cahier des charges. »

Il résulte évidemment de cet article, imposé exceptionnellement à la Compagnie d'Orléans, et qui n'est tolérable qu'à la condition tacite qu'on n'en fera jamais usage, que le Gouvernement a le droit de diminuer à son gré les frais de péage des wagons étrangers circulant sur le chemin d'Orléans.

De telle sorte, qu'en cas de concurrence réelle dans l'usage du chemin, la Compagnie serait complètement à la discrétion du Gouvernement.

de ce droit un semblable usage; mais, à quoi bon, alors, introduire dans la législation des clauses qui ne servent qu'à effrayer les personnes tentées de consacrer leurs facultés intellectuelles et pécuniaires au développement des travaux d'utilité publique? Ce qu'on a de mieux à faire, c'est de supprimer cette condition, aussi inutile qu'injuste, dont l'unique but semble être, à peine la concession d'un tarif rémunérateur accordée, de se réserver le droit de l'annuler à volonté.

Ce droit exorbitant serait, il faut en convenir, un étrange encouragement accordé à l'esprit d'association et au développement de l'industrie privée! Disons-le avec franchise, tout ceci sent d'une lieue l'administration des Ponts-et-Chaussées, sa bienveillance accoutumée, et appelle hautement la faux de la réforme.

§ VI.

Expropriation et prise de possession, à bref délai, des terrains nécessaires.

(Art. 9 de la soumission.)

« A défaut de conventions amiables avec les pro-
« priétaires, fermiers, locataires ou usufruitiers
« des terrains ou bâtiments nécessaires à l'entre-

« prise, la Compagnie sera autorisée, par le jugement
« qui prononcera l'expropriation pour cause d'u-
« tilité publique, à se mettre immédiatement en
« possession desdits terrains et bâtiments, en jus-
« tifiant de l'accomplissement des formalités pres-
« crites par le titre III de la loi du 7 juillet 1833,
« et du versement à la Caisse des dépôts et des con-
« signations d'une somme égale à deux cents fois
« la contribution foncière des immeubles expropriés,
« sauf réglement ultérieur de l'indemnité due par
« la Compagnie. »

Nous avons déjà plusieurs fois appelé l'attention
sur cette importante modification à faire à la loi
actuelle de l'expropriation. Comme nous l'avons
dit, cette modification n'apporterait aucune rigueur
nouvelle dans la condition des propriétaires, et elle
aurait, cependant, pour la célérité et l'économie des
travaux, les plus grands et les plus utiles effets. Il
suffit de consulter MM. les ingénieurs à ce sujet;
ils diront combien de prétentions exagérées, de
procès, de jugements et de temps perdu cela évite-
rait; quel moyen efficace ce serait, de réduire à de
justes proportions les demandes des propriétaires
anciens ou nouveaux (les propriétaires de fraîche
date sont presque toujours les plus intraitables).

Ils diront que les travaux, presque toujours ar-
rêtés ou suspendus par les difficultés soulevées au

sujet des propriétés soumises à l'expropriation, seraient entrepris et conduits, dès le début, avec une
vigueur inconnue chez nous jusqu'ici ; tandis qu'à
moins de grands sacrifices, ils languissent plusieurs
mois, quelquefois plusieurs années, et que les plus
belles entreprises sont souvent compromises par les
vices de la législation, quoiqu'elle ait été beaucoup
améliorée par la loi du 7 juillet 1833.

Et qui pourrait trouver étrange une mesure dont
l'effet serait de livrer, dans un plus bref délai, une
propriété qu'au nom d'un grand intérêt public,
on n'a plus le droit de conserver? Ce qui frappe,
ce qui blesse le propriétaire, n'est-ce pas le principe
même de l'expropriation? Ce principe une fois
admis, n'y a-t-il pas intérêt, pour tous, à faire la no-
vation le plus tôt possible? Une fois l'expropriation, pour cause d'utilité publique, prononcée, la
propriété n'a-t-elle pas changé de main? et s'il y a
un immense intérêt public à ce que le nouveau
propriétaire entre de suite en possession de sa propriété, où est l'intérêt public ou privé qui s'y oppose?
D'ailleurs, ce changement de propriété est un
fait en quelque sorte accompli, dès que la loi a
parlé.

Dans l'intérêt public, on doit pourvoir à une
seule chose : c'est que le propriétaire évincé n'é-
prouve aucun autre dommage que celui que la loi lui

impose, et que l'indemnité qui lui revient, qu'elle ait été fixée à l'amiable ou qu'elle doive l'être d'office par le jury, lui soit bien et dûment assurée. Or, ce serait le cas, en faisant préalablement déposer par la Compagnie, à la Caisse des dépôts et consignations, une somme suffisante, sauf à régler ensuite le solde dû ou à recevoir, quand, d'une manière ou d'une autre, l'indemnité aurait été fixée définitivement.

Nous persistons à penser que cette extension, donnée à la loi de l'expropriation, aurait les plus heureux effets, sans qu'ils pussent être atténués par aucun inconvénient qui méritât d'être pris en considération (1).

§ VII.

Entrée en franchise de droits ou à droits réduits des rails et des machines locomotives.

(Art. 10 de la soumission.)

« La Compagnie aura la faculté d'importer de
« l'étranger en franchise de droit :

(1) Si l'on voulait assurer davantage encore les droits des expropriés, on pourrait demander le dépôt de la somme exigée par le propriétaire dépossédé, sauf à compter après la fixation définitive de l'indemnité due.

« 1° Les rails, chairs et autres pièces nécessaires
« à l'établissement des chemins de fer;

« 2° Les machines à vapeur locomotives et autres,
« et les voitures et wagons nécessaires au service;

« 3° Les houilles nécessaires à la consommation
« des machines employées sur lesdits chemins. »

Bien que cette faculté d'importation ait été accordée dans plusieurs pays, où l'on a voulu favoriser le développement de l'industrie des voies de transport; bien que nous ayons établi, nous le croyons du moins, que ce développement des voies de communication est dans l'intérêt, surtout, de l'industrie des fers, à laquelle cet excédant énorme de consommation n'a point été promis (il n'a pas même été prévu); bien qu'en faisant cette dérogation spéciale à la loi qui protége cette intéressante branche de l'industrie, on ne violât en rien la protection qui lui a été promise, protection qui, d'ailleurs, ne saurait être éternelle, nous avons reconnu, néanmoins, que des considérations de la plus haute portée pourraient militer en faveur des producteurs de fer; et, prenant un terme moyen, nous avons fini par consentir à ce que, par un tarif modérateur, dont nous avons indiqué les bases, on assurât aux usines françaises la fourniture immense des rails que va exiger l'exécution du grand réseau de chemins de fer projeté; mais à condition qu'elles pourraient suffire aux besoins, et que les prix ne dépasseraient jamais 360 fr. la tonne, prise à l'usine. Nous avons cru concilier ainsi les intérêts des Compagnies et ceux des maîtres de forges, et faire tomber les résistances que notre première demande n'eût pas manqué de soulever parmi les partisans du système protecteur.

La question réduite à ces termes, ne nous semble plus devoir souffrir de difficultés; mais il serait important que la législation se prononçât promptement, afin de faire cesser l'incertitude des personnes qui pensent que les usines françaises ne pourraient suffire à tous les besoins, si un grand développement des travaux publics venait à se manifester, en France; comme cela arriverait, infailliblement, si le Gouvernement se décidait enfin à entrer dans les larges voies qui lui sont indiquées, depuis longtemps.

§ VIII.

Concours des ingénieurs de l'État aux travaux des Compagnies.

(Art. 12 de la soumission.)
« La Compagnie sera autorisée à faire exécuter
« les travaux par des membres de l'administration
« des Ponts-et-Chaussées, lesquels seront placés

« sous la direction supérieure de ladite Compagnie.

« Le directeur-général des Ponts-et-Chaussées
« désignera les ingénieurs qui seront chargés de ces
« travaux, après s'être entendu à cet égard avec la
« Compagnie, qui se réserve le droit exprès de faire
« remplacer ceux qui ne la satisferaient pas. »

La Compagnie, pour preuve de son vif désir
d'une alliance franche et sincère avec le Gouvernement, et pour donner à celui-ci une nouvelle garantie de bonne exécution des travaux, avait offert
de recevoir des mains du directeur-général des
Ponts-et-Chaussées, les ingénieurs qui, sous la direction supérieure de la Compagnie, seraient chargés
de la direction des travaux.

Elle s'était seulement reservé le droit, qu'elle ne
pouvait abandonner sans danger, de faire remplacer
ceux qui ne la satisferaient pas.

Quelle preuve plus grande pouvait-on donner de
la bonne harmonie qu'on désirait voir s'établir et
régner entre l'industrie privée et le Gouvernement!
Et que devenaient tous les prétendus avantages résultant de l'exécution par l'État et de l'emploi des
membres du corps des Ponts-et-Chaussées!

Il était évident qu'ils étaient tous conservés, et
augmentés de tout ce que l'industrie privée apporte
d'activité, d'intelligence et de science commerciale,
dans ses transactions.

Pourquoi n'a-t-on pas accepté une alliance si féconde en bons résultats? pourquoi ne l'accepterait-on pas aujourd'hui? Les mêmes oppositions, les mêmes répugnances ou les mêmes prétentions au monopole des travaux publics existeraient-elles donc toujours? Après le vote significatif de la Chambre, on ne saurait expliquer l'opposition que notre système mixte, si favorable au développement des travaux publics, rencontrerait encore dans l'administration (1).

(1) **Au moment de sa retraite, le ministère du 15 avril était décidé à présenter aux Chambres une loi qui faisait droit aux justes réclamations des Compagnies, et leur accordait notamment l'appui précieux du crédit de l'État.**

Si nous sommes bien informé, le ministère intérimaire s'est aussi occupé de cette grave matière. Mais ses dispositions paraissent avoir été moins favorables aux Compagnies. On dit qu'il a eu à délibérer, à ce sujet, sur un rapport de l'administration des Ponts-et-Chaussées, dont les conclusions sont diamétralement opposées aux décisions qui avaient été prises par le ministère Molé.

Ce retour en arrière, cette guerre à l'industrie, rallumée, ne nous surprennent point : *Chassez le naturel, il revient au galop.*

Mais nous serions curieux de savoir en quels termes l'administration des Ponts-et-Chaussées a pu motiver une opinion hostile à la garantie, elle qui, naguère, a demandé aux Chambres cet appui pour deux entreprises majeures, le chemin de fer de Lyon à Marseille et le canal latéral à la Garonne ; et à une époque où, certes, la nécessité de cette mesure n'était pas démontrée comme elle l'est aujourd'hui.

Au reste, que l'administration des Ponts-et-Chaussées cherche

L'avenir, et un avenir très-prochain, éclairera tous les esprits, dissipera tous les doutes. Attendons patiemment les discussions que ces matières ne peuvent manquer de soulever bientôt à la Chambre, et espérons dans les lumières et le patriotisme aujourd'hui mieux éclairé du pouvoir législatif.

§ IX.

Création d'actions rémunératoires.

(Art. 14 de la soumission.)

« La Compagnie aura la faculté de se constituer
« en société anonyme, et pourra faire entrer des ac-
« tions industrielles dans les combinaisons de ses
« statuts; *mais ces actions n'auront droit à aucun bé-*
« *néfice avant le remboursement intégral en capital et*
« *intérêts des actions financières.* »

à profiter des embarras de l'industrie, dont elle est la principale cause, pour revenir, si cela est possible, à son idée favorite: le monopole des grands travaux publics; il n'y a rien là que nous ne concevions parfaitement. Mais, ce que nous ne comprendrions jamais, c'est qu'un ministère qui compte dans son sein des hommes comme MM. Passy, Duchatel, Dufaure, Teste, etc., qu'un tel ministère, et, plus tard, les Chambres, ne sussent pas échapper au jury que l'administration des Ponts-et-Chaussées voudrait encore faire peser sur eux et sur le pays.

L'opinion publique s'est prononcée trop vivement, à ce sujet, pour qu'un tel résultat des dernières luttes, soit possible. Et, cette fois encore, l'administration des Ponts-et-Chaussées en sera pour sa tentative inutile.

Au moyen de l'annotation qui accompagnait cet article, nous aurions pu nous dispenser d'en parler, et cela d'autant plus volontiers qu'on est généralement convenu de repousser, sans examen, tout ce qui porte le titre d'actions industrielles; tant l'abus qu'on en a fait (je suis le premier à le reconnaître et à le déplorer) a été grand et a, justement, soulevé tous les esprits.

Mais, entre l'usage et l'abus, il y a une différence immense, et il est évident qu'il ne faut pas supprimer tout ce dont on peut abuser; les meilleures choses seraient dans ce cas.

Selon nous, en fait d'actions bénéficiaires, c'est l'abus et non l'usage qu'il faut proscrire. Or, c'est ce que nous avons cherché à faire; et si, comme nous le pensons encore, le mode que nous avions proposé atteignait *tout-à-fait* le but : si ce mode a des avantages de toutes sortes, sans avoir aucun inconvénient, on nous permettra de défendre toutes les parties de notre système, même celle qui paraît la plus accessoire et qui a été la plus controversée. Et bien que, dans ce moment, nous n'ayons guère l'espoir de faire triompher notre opinion à ce sujet, on nous pardonnera de l'expliquer, ne fût-ce que pour nous justifier de l'avoir eue.

Lorsqu'il s'agit de donner une impulsion vive et prolongée aux travaux publics, au moyen de l'industrie privée, il ne faut pas se flatter de trouver, dans le seul patriotisme des citoyens, le véhicule nécessaire. C'est, évidemment, l'intérêt personnel qui doit agir; d'abord, parce que les sentiments généreux sont rares; ensuite, parce que peu de gens peuvent se passer du prix de leur travail ou consentent à renoncer volontairement à la chance de faire fortune; désir bien légitime, assurément, lorsque, pour parvenir, on emploie des moyens honorables, et, surtout, lorsque le succès se lie à la prospérité publique. Qu'on ne l'oublie pas, dans une société anonyme fondée pour exécuter de grands travaux publics, il faut d'abord des fondateurs qui fassent tous les travaux préparatoires, toutes les démarches devant l'autorité et devant les Chambres, pour obtenir la concession de leur entreprise. Ensuite il faut constituer la société, la régler par des statuts, créer le personnel de l'administration, tant ses membres salariés, comme directeurs, ingénieurs, employés, etc., que ses membres à titre gratuit, formant le conseil d'administration.

Tout cela établit, dès le principe, entre les membres actifs, les fondateurs de la société et les simples actionnaires, une différence immense : un excès d'activité d'une part, et une inaction complète de l'autre, les séparent.

Il en résulte que les uns, pendant un grand

nombre d'années, doivent se livrer à des travaux majeurs, incessants, extraordinaires, et cela sans aucune rétribution (on ne se doute pas de ce qu'entraîne de soins et de peines, de tous genres, la construction d'un chemin de fer ou d'un canal d'une certaine étendue); et ce sacrifice, ils ne le font même pas au pays, mais aux actionnaires qui, seuls, en profitent; car, pour le pays, peu lui importe les conditions du contrat, pourvu qu'il jouisse promptement de l'ouvrage qui lui est promis. C'est donc purement une affaire d'intérieur, un arrangement entre les actionnaires, lors de la distribution des rôles que chacun doit remplir dans l'entreprise. Eh bien! quoi de plus naturel que ceux des actionnaires qui travaillent, et beaucoup et long-temps, jouissent de quelques avantages sur ceux qui ne font rien, rien absolument, que courir les bonnes ou mauvaises chances communes à tous? La nature des choses voudrait qu'il en fût ainsi; c'est cependant ce qui n'est pas, et ce que l'opinion publique semble vouloir qui ne soit pas.

Cela tient, nous le reconnaissons, aux abus graves que l'on a fait des actions industrielles. — Mais, si l'on pose en principe, comme nous le voudrions :

1° Que tout prélèvement sur les bénéfices par les membres actifs d'une société, ne dépassera pas une certaine proportion, un tiers ou un quart, par exemple;

2° Que ce prélèvement n'aura jamais lieu avant que toutes les actions financières aient été remboursées, *en capital et intérêts;* en un mot, que les parts d'intérêt *accordées aux sociétaires travailleurs,* ne se prélèvent que sur les bénéfices, jamais sur le capital social, quel inconvénient possible pourrait-il en résulter? Et l'on voit, d'un coup d'œil, quels avantages se trouvent dans cette combinaison, qui n'est au reste que l'application, en grand, d'un principe trés-salutaire, admis par nos lois, et mis fréquemment en usage dans le commerce en France, tandis qu'il ne l'est pas en Angleterre, on ne sait pourquoi. Je veux parler de la société en commandite et de la faculté d'associer aux bénéfices d'une entreprise quelconque, un agent actif et intelligent, à qui sa position ne permet pas de courir les chances de pertes. — Qui ne sait combien il peut être utile d'associer, par la commandite, les capitaux au travail intelligent, et de permettre ainsi la division des chances du commerce, en chances totales et en chances limitées! Qui ne sait que la plupart des chefs des maisons les mieux famées, étaient originairement des jeunes gens sans fortune, qui ont dû à la faculté de participer aux bénéfices de la maison à laquelle ils étaient attachés, la haute position qu'ils ont acquise plus tard! Les convenances ne me permettent pas de citer des noms à l'appui de cette assertion; mais les exemples que nous offre le haut commerce de la capitale, sont nombreux, et la perspicacité du lecteur suppléera à mon silence.

En ce qui touche les travaux publics, il y a donc un immense avantage à ce que le zèle, le talent, l'activité des ingénieurs, des directeurs, des employés de toutes sortes, soient stimulés par l'appât d'une récompense justement méritée, et que cette récompense dépende essentiellement et uniquement du succès de l'entreprise à laquelle ces agents sont attachés (1).

Alors, chacun travaille avec cette ardeur qui donne tant de ressort à l'industrie privée, et la fait justement préférer au Gouvernement pour l'exécution des travaux publics.

Que si, au contraire, on n'agit pas dans ce sens, voici ce qui arrive :

Pour obtenir les services d'hommes capables, on est obligé de leur assurer des émoluments beaucoup

(1) Il serait important d'éviter que les fondateurs ou les agents d'une Compagnie ne se désintéressassent de l'entreprise par la vente immédiate de leurs actions bénéficiaires ; mais rien ne serait plus facile, dans les moyens d'exécution, que de l'empêcher, en faisant rester à la souche, pendant un temps déterminé, les susdites actions. Cette règle essentielle, devrait être observée au moins pendant la durée des travaux.

plus considérables qu'on n'aurait été obligé de le faire, si, par la constitution de la société, on eût pu les intéresser aux bénéfices de l'entreprise; ils en sont moins stimulés, c'est dans la nature de l'homme; et cependant, si l'entreprise ne donne pas les résultats qu'on en avait espérés, le capital dépensé se trouve augmenté de tout ce dont il aurait été allégé si l'on eût rétribué les principaux agents, partie en émoluments fixes, et partie en parts de bénéfices éventuels, une fois le service des capitaux assuré. En cas de revers, les actionnaires eussent moins perdu; en cas de succès, ils auraient réparti, à titre de récompense, une portion des bénéfices, convenue d'avance, à ceux au zèle desquels ils les devraient en partie. Cela est juste, cela est convenable, cela est utile, et, certes, cela vaut bien mieux que ce qui se pratique aujourd'hui : chacun, maintenant, cherche à se dédommager par la prime des actions, et ce mode est, incontestablement, celui de tous qui offre le plus d'inconvénients; car, si l'on ne réussit pas, on se décourage et, avec soi, tous ceux qui auraient été disposés à se livrer à de pareilles entreprises; au contraire, si l'on réussit, si les actions s'établissent, dès le début, à des cours élevés, comme rien n'est encore décidé quant au résultat final, au produit réel de l'entreprise, il en résulte que le public, trompé par de fausses apparences, aura peut-être acheté, à prime, des actions qui ne valent pas le pair, et que les sommes prélevées par les fondateurs et les actionnaires primitifs, ne l'auront pas été sur les bénéfices, mais sur la crédulité publique. C'est là un grave inconvénient et qui se reproduira sans cesse, si l'on n'entre pas dans une meilleure voie, une voie analogue à celle que nous indiquons; car, comme nous l'avons dit, rien de plus naturel que ceux qui travaillent soient mieux traités que ceux qui ne travaillent pas; et ils ne peuvent l'être qu'en prélevant sur ceux-ci un bénéfice quelconque. La seule question est donc de savoir de quelle manière et où prendre justement cette part de bénéfices qui leur revient.

Dans la Compagnie d'Orléans, par exemple, si vivement et si injustement attaquée, nous nous faisons fort de le prouver (1), au sujet de la prime de dix pour cent que ses fondateurs avaient manifesté l'intention de réclamer, lors de la cession d'une partie de leurs actions (et cela pour se couvrir de frais considérables tombés à leur charge, et trouver une légère indemnité à leurs risques et à leurs peines), on aurait pu tout concilier, c'est-à-dire n'émettre d'actions qu'au pair, et cependant satisfaire aux justes exigences dont nous avons parlé

(1) Voir aux notes et documents, le n° 17.

plus haut. Pour cela, il aurait suffi que la loi de concession qui a reconnu, mais sous des formes trop restrictives, la justesse du principe que nous avons posé (1), eût autorisé la création, dans une certaine proportion, un quart par exemple, d'actions bénéficiaires, en faveur des fondateurs et des agents actifs de l'administration; mais toujours *sous la réserve expresse des clauses et conditions que nous avons indiquées.*

Dans cette hypothèse (nous nous livrons à ces suppositions pour éclairer l'avenir), la Compagnie eût pu créer et émettre au pair ses quatre-vingt mille actions, auxquelles le remboursement intégral et un intérêt fixe de 3 pour cent eussent été assurés avant tout;

Et créer, en même temps, un certain nombre d'actions bénéficiaires, vingt mille, je suppose, qui n'auraient eu aucuns droits avant le remboursement intégral, en capital et intérêts, des sommes versées par les actionnaires.

Si, les choses étant ainsi, les fondateurs avaient cédé une portion de ces actions bénéficiaires à la

____

(1) La part des bénéfices qui seraient attribués, à titre de récompense ou d'encouragement, aux directeurs, ingénieurs et autres agents de la Compagnie, ne peut être convertie en actions. *(Art. 3 de la loi de concession.)*

société anonyme pour être réparties aux agents de la Compagnie, en récompense de leur dévoûment aux intérêts de l'entreprise ; et s'ils avaient partagé le reste entre eux, voici ce qui serait arrivé :

1° Les fondateurs, quoiqu'en émettant toutes les actions au pair, auraient obtenu, *en cas de succès*, une part un peu plus forte de profits que ceux qui n'y auraient contribué en rien, ce qui eût été assurément bien juste.

2° **Les agens de tous grades** auraient trouvé, dans la part mise en réserve pour eux dans la Compagnie, un stimulant actif et un sérieux motif d'encouragement, en même temps qu'une récompense, légitime prix de leurs efforts (efforts qui auraient tourné au profit de tous).

3° *En cas d'insuccès*, la dépense aurait été diminuée de tout ce qu'on aurait pu épargner, par ce système, sur les appointements fixes des agents de la Compagnie.

Il est évident, il est clair comme le jour, qu'il n'aurait pu résulter aucun abus d'une combinaison qui assure, avant tout, aux bailleurs de fonds, leur remboursement en capital et intérêt, et qui, cependant, permettrait de respecter ce précepte de morale si utilement et si justement appliqué à l'industrie : *à chacun selon ses œuvres.*

L'antipathie de la presse pour les actions bénéficiaires, cédera, sans doute, à un examen plus approfondi; car, comme nous croyons l'avoir démontré, la combinaison que nous avons indiquée ne serait nuisible à personne, et elle serait utile à tout le monde: à ceux qui se bornent à apporter leur argent, comme à ceux qui, à défaut d'argent, consacrent leur vie et tout ce qu'ils ont de talent et d'énergie, aux entreprises; et enfin, aux fondateurs-administrateurs qui apportent, à la fois, dans la société, leurs capitaux, leur temps, leur intelligente activité et la considération dont ils jouissent.

Au reste, cette idée que je crois bonne et promettant d'excellents résultats, n'est pas liée essentiellement au système des travaux publics que nous défendons : c'est un accessoire utile, mais non pas indispensable, et, pour en faire une partie intégrante du système, on peut, au besoin, attendre que l'opinion soit rassurée sur les écarts qui ont signalé récemment les affaires industrielles; écarts impossibles dans les grandes entreprises dont nous nous occupons, lesquelles n'ont aucune espèce d'analogie avec celles dont on a tant abusé. On peut attendre, disons-nous, que la question puisse être examinée à froid et discutée sans préoccupation. Nous n'avons eu d'autre prétention, pour le moment, que d'émettre une opinion indépendante dans laquelle nous persistons.

Mais, que l'on se persuade bien, si l'on veut sérieusement encourager l'esprit d'association, qu'il
faut absolument adopter un mode qui indemnise
de leurs travaux, les auteurs et fondateurs des
entreprises; travaux considérables qui exigent, de
leur part, la réunion d'une foule de conditions difficiles à rencontrer et le sacrifice de plusieurs années
de leur vie; assurement, au prix que les administrateurs des chemins de Paris à la mer et de Paris à
Orléans ont obtenu de leurs efforts, peu de personnes seront disposées à se mettre désormais sur
les rangs.

C'est, en effet, par trop dur de travailler beaucoup,
d'assumer sur soi une grande responsabilité, de
perdre son argent, et, par-dessus le marché, de devenir l'objet des attaques ou des insultes de la
presse et de la tribune, qui, jusqu'ici, ont eu le tort
de confondre, dans une réprobation commune, les
efforts du travail et les abus de l'agiotage : tort grave,
je le dis bien haut, dont les conséquences déplorables, sont, évidemment, d'éloigner des grandes
entreprises d'utilité publique les personnes dont le
nom seul sont un gage de succès; si, d'ailleurs, le
système d'encouragement des travaux publics était,
non ce qu'il est, mais ce qu'il doit être.

§ 10.

Ce que l'on aurait dû faire et ce que l'on a fait.

Dans les paragraphes qui précèdent, nous avons exposé les conditions principales d'un système dont nous poursuivons, depuis cinq ans, l'adoption, comme devant réaliser tout ce qu'on peut espérer de mieux en fait de travaux publics.

Ainsi nous avons dit qu'il fallait :

1° Renoncer à l'adjudication publique des grandes entreprises, et, dès-lors, au dépôt d'un cautionnement qui devient une formalité gênante, autant qu'inutile, dans le cas de la concession directe.

2° Accorder les concessions à perpétuité, ou en limiter, d'une manière uniforme, la durée à quatre-vingt-dix-neuf ans, si le Gouvernement accordait quelque faveur à la Compagnie concessionnaire; comme, par exemple : une subvention, un prêt, ou une garantie de revenu.

3° Accorder une garantie de 4 pour cent de revenu, dont 3 pour cent d'intérêt et 1 pour cent d'amortissement, pendant quarante-six ans, à toutes les grandes entreprises d'utilité publique que le Gouvernement voudrait encourager.

4° Que cette garantie portât sur le capital dépensé, y compris le service des intérêts à 4 pour cent, pendant la durée des travaux; et, comme la Chambre ne pourrait pas voter des sommes illimitées, il faudrait renfermer les dépenses dans des *maximum* suffisamment élevés, pour que les compagnies eussent la chance probable de rester au-dessous.

Si les limites venaient à être dépassées, le pouvoir législatif aurait à examiner s'il y a lieu à élever le *maximum*, ce qu'il ferait d'après son libre arbitre et selon que les dépenses lui paraîtraient bien ou mal justifiées.

5° Que le gouvernement ne s'opposât aux conditions de tracé et d'exécution des ouvrages des compagnies, qu'autant que ceux-ci seraient en opposition avec la sécurité publique.

6° Qu'à défaut de la liberté absolue des tarifs, les compagnies pussent se mouvoir dans des *maximum* élevés (1).

7° Nous avons dit qu'à défaut de la franchise de droits sur les fers et sur les machines nécessaires à la création des chemins de fer, il fallait adopter un tarif régulateur qui, en protégeant l'industrie nationale,

(1) Voir aux notes et documents, n° 11, le projet de tarif maximum uniforme, avec les motifs à l'appui, que nous avons proposé aux conseils d'administration des chemins de Paris à la mer et de Paris à Orléans, et qu'ils ont adopté comme remplissant toutes les conditions désirables.

affranchît cependant les Compagnies concessionnaires, des chances du manque de fer et de machines, ou d'un renchérissement des prix actuels.

8° Que les propriétés frappées par la loi d'expropriation pour cause d'utilité publique, fussent livrées aux nouveaux propriétaires, dans un bref délai, sauf à prendre toutes les mesures conservatrices, jusqu'à réglement définitif de l'indemnité.

9° Enfin, que les Compagnies fussent autorisées à intéresser tous les agents actifs au succès de l'entreprise, par la création d'actions bénéficiaires *sans droits aucuns avant le remboursement, en capital et intérêt, des actions financières.*

Voilà, selon nous, ce qu'on devrait faire, en France, pour donner à l'esprit d'association une grande impulsion et un développement vaste et utile.

Voici ce qu'on a fait :

On a découragé tant qu'on l'a pu, et de mille manières, l'industrie privée : la prétention de monopole, avouée des Ponts-et-Chaussées, justifie assez cette assertion pour que nous ne croyions pas avoir besoin d'insister. Lorsque, vaincue dans ses derniers retranchements, l'administration a dû céder et accorder des concessions de grandes lignes à des compagnies particulières, voici quels sont les principes qui ont prévalu (admis ou non par les Chambres, ils étaient naguère encore l'expression de la pensée de l'administration des Ponts-et-Chaussées).

— Adjudication publique; obligation d'un cautionnement de plus en plus considérable, et sa confiscation, ainsi que des ouvrages commencés, en cas de non achèvement.

— Gêne, aussi grande que possible, dans toutes les conditions d'exécution.

—Durée des concessions aussi limitée que possible.

— Tarifs fixés aussi bas que possible.

—Révision des tarifs laissée, après de courts délais, à l'omnipotence de l'administration.

— Rachat, volontaire pour l'État, obligatoire pour les Compagnies, mais, à la vérité, à des conditions justes et équitables; à cela, rien à dire, sauf que l'État peut toujours vous déposséder.

—Limite des bénéfices à 10 pour cent.

—Transport gratuit, au profit de l'État, des lettres, des troupes, etc., etc.

Tel est l'esprit hostile, il faut le dire, qui a présidé à la rédaction des cahiers des charges et des lois de concession de grands travaux publics à des compagnies.

On les a traitées, non comme des auxiliaires utiles, mais comme des ennemis, dont on ne saurait jamais assez se méfier.

Ce n'est pas ainsi que les Anglais et les Américains

envisagent la concession d'une route en fer ou d'un canal ! Ils la considèrent comme une *autorisation* de faire un établissement d'utilité publique, et non comme l'octroi d'une faveur; et cette propriété, quand elle est créée, on la respecte à l'égal de toute autre : ainsi perpétuité de la concession.

En cas d'insuccès, aucune pénalité, ni avant, ni pendant, ni après les travaux. Si le délai accordé pour l'achèvement des travaux, s'écoule sans qu'on ait travaillé, on perd simplement le droit à l'autorisation accordée; ou, si l'entreprise n'est pas entièrement achevée, ce droit est perdu pour la partie non exécutée, mais on conserve la propriété de la partie exploitée.

Enfin, la compagnie fixe les tarifs librement ou à peu près, et elle est autorisée, *mais non obligée*, à faire les transports, ce qui lui donne le droit de refuser ceux qui, par leur volume ou leur nature, seraient dangereux ou onéreux pour elle. La concurrence des transports, par diverses compagnies, existe en théorie, mais non en fait. Du reste, l'on n'a rien prévu que de bien à cet égard; on suppose que les compagnies s'entendront pour le prix, mais on n'autorise la circulation libre des voitures, qu'après l'approbation préalable de l'ingénieur de la compagnie.

Quand une compagnie se trouve gênée, le Gouvernement lui vient en aide; il lui prête à des conditions fort douces et à long terme les capitaux qui lui sont nécessaires (1); enfin, loin de chercher à nuire aux compagnies, ou à limiter leurs bénéfices, le Gouvernement fait tout ce qui dépend de lui pour assurer aux entreprises *le plus grand succès possible.*

Il serait bien temps que le Gouvernement français se pénétrât enfin de ces principes fécondants. Au reste, il va lui être facile de faire connaître ses véritables intentions à l'égard de l'industrie privée; nous l'attendons au jugement qu'il portera sur les réclamations des Compagnies, en instance auprès de lui pour faire réformer les conditions intolérables qu'on leur a imposées. (2).

(1) Voir aux notes et documents, nᵒ 2.

(2) La création récente d'un ministère des travaux publics nous remplit d'espoir. Ce ministère peut, avant qu'il soit longtemps, devenir, de tous les ministères, le plus important; et il le deviendra, si, comme il est permis de l'espérer, il est enfin occupé par un homme qui comprenne la grandeur de sa mission. C'est, en effet, de ce côté que se dirigent la sève et l'énergie nationales; et, ce qu'étaient, sous l'Empire, les ministères de la guerre et des affaires étrangères, de nos jours, le ministère des travaux publics doit le devenir.

Il ne faut que le vouloir.

CHAPITRE IV.

Des Caisses d'épargnes, et de leur relation avec le système de la
garantie d'un minimum d'intérêt.

Nous avons signalé, dans le temps, la convenance, pour ne pas dire la nécessité, qu'il y aurait, au moment où l'on veut créer de grands travaux publics, de trouver un moyen de rendre à la circulation les capitaux qui chôment dans les caisses de la Banque de France, parce qu'un plus grand développement d'affaires exige un plus gros capital en signe représentatif. Cette vérité était incontestable; aussi n'a-t-elle pas été contestée. Le moyen cherché consistait à donner aux nouvelles valeurs, provenant de ces entreprises de travaux publics (les actions qu'elles émettent), un caractère d'effets publics qui permît aux établissements de crédit, de prêter sur le dépôt de ces valeurs, comme on le fait actuellement pour la rente ou les actions garanties par l'État.

Nous avons présenté ce moyen comme un motif nouveau à l'appui de notre système de la garantie d'un minimum de revenu, appliqué à toutes les entreprises d'une utilité publique incontestée.

Nous ne reviendrons pas sur les raisons que nous avons fait valoir à ce sujet. Nous dirons seulement quelques mots sur les caisses d'épargnes et l'heureuse combinaison qui pourrait résulter pour elles et pour l'État, de cette même garantie du Trésor accordée à l'industrie privée.

On sait que la belle institution des caisses d'épargnes, a pris, en France, depuis quelques années, un prodigieux essor. Membre du conseil de direction de l'institution-mère (la caisse d'épargnes de Paris), et l'un des plus chauds partisans de son développement ; animé d'un vif désir de la voir s'étendre dans toutes les parties de la France ; convaincu que l'actif des caisses d'épargnes réunies, s'élèverait, avant quelques années, à plusieurs centaines de millions ; alors que plusieurs de mes honorables collègues redoutaient une aussi grande extension de leurs opérations, je n'ai jamais laissé échapper l'occasion d'appuyer et même de provoquer toutes les mesures qui pouvaient tendre à ce but. Aujourd'hui, l'élan a été si bien donné par les efforts réunis du Gouvernement et de tous les amis d'une aussi sage institution (1), qu'il n'est plus permis de douter du succès le plus complet : le

(1) Que n'en est-il de même des assurances sur la vie, autre caisse de prévoyance d'une immense portée, qu'il est douloureux de voir négligée et méconnue en France !

mouvement des recettes du Trésor provenant des caisses d'épargnes va et ira toujours en augmentant jusqu'à ce qu'elles atteignent un chiffre *maximum* qui dépassera certainement trois à quatre cents millions (1).

Assurément, ce résultat promis aux amis des caisses d'épargnes est bien de nature à les satisfaire complètement; mais il n'aura pas été obtenu sans des sacrifices qui deviendront de plus en plus onéreux au Trésor public; et à tel point, qu'on sentira bientôt l'indispensable nécessité d'apporter un remède à cet état de choses. En effet, le Trésor possède actuellement une réserve de près de 200 millions qui va toujours en s'augmentant, et dont il perd totalement l'intérêt; d'un autre côté, la caisse des dépôts et consignations qui, d'après la nouvelle loi, reçoit les dépôts hebdomadaires des caisses d'épargnes, est obligée, pour les faire valoir, d'acheter, à haut prix, des fonds publics qu'il faudra revendre au moment du besoin, moment qui sera, par cela même, le plus inopportun; cette situation onéreuse et anormale du Trésor, il serait convenable

(1) L'avoir des caisses d'épargnes s'élève à plus de 145,000,000.

La caisse de dépôt devait, au 31 mars dernier, à la caisse d'épargnes de Paris.................. Fr. 63,084,865 42

Aux caisses départementales........ 82,631,245 21

Total....... 145,726,110 63

de la faire cesser au plus tôt ; et, cependant, il est impossible de ne pas continuer à encourager les caisses d'épargnes, qui exercent une si heureuse influence, morale et matérielle, sur la masse de la population.

Dans ce conflit de considérations opposées, la garantie d'intérêt par l'État, aux entreprises d'utilité publique qui en seraient dignes, est le meilleur, peut-être le seul moyen, de sortir d'embarras.

En effet, par ce moyen, on encouragerait de plus en plus les versements des classes pauvres, en les faisant participer aux avantages de l'industrie privée, sans jamais compromettre leur capital, comme on le verra plus loin.

On verserait, successivement, dans les travaux publics, les capitaux provenant de l'épargne.

Enfin, on affranchirait le Trésor d'une perte d'intérêts considérable, ou l'on mettrait un terme à une opération (les achats de rentes de la caisse des dépôts et consignations) dont le résultat final pourrait, dans certaines circonstances, devenir onéreux au Trésor et fatal au crédit public.

Ainsi, selon nous, une fois la garantie de l'État accordée à certaines entreprises d'utilité publique, il faudrait employer les fonds appartenant aux caisses d'épargnes en achats d'actions de ces entreprises (1). Il est difficile d'admettre que, le choix étant fait avec discernement, la moyenne des produits fût au-dessous de 4 pour cent; en tous cas, il serait impossible qu'elle fût au-dessous des 3 p. cent garantis, et c'est le taux auquel il faudrait régler l'intérêt *fixe* des caisses d'épargnes, sauf à répartir, à titre de dividende ou de supplément d'intérêt, tout ce que l'administration aurait touché, en plus, par suite des succès de tout ou partie des entreprises dans lesquelles l'État aurait pris, pour les caisses d'épargnes, une participation (2).

Les bons résultats de cette combinaison sautent

(1) Il est bien entendu qu'on les acquérrait, autant que possible, à l'origine des entreprises, conséquemment au pair.

(2) Pendant la durée des travaux, les intérêts des actions de chemins de fer, garantis par l'Etat, seraient servis à raison de 4 pour cent. Après l'achèvement, la mise en produit des chemins donnerait des revenus variés, dont le minimum de 3 pour cent, garanti par le Trésor public, serait presque toujours dépassé *et souvent de beaucoup ;* de telle sorte qu'il n'y a aucune exagération à supposer, pour toutes les actions réunies, un revenu moyen de 6 pour cent.

Aujourd'hui, les caisses d'épargnes reçoivent, *par faveur*, un intérêt de 4 pour cent. Supposons un moment l'avoir des caisses d'épargnes de France parvenu au chiffre de 400 millions (et cette heureuse combinaison le leur ferait bien vite atteindre), il y aurait pour elles, à ce nouveau mode de placement, une augmentation de 50 pour cent dans leur revenu, soit un bénéfice de 8 millions à répartir annuellement entre tous les déposants.

Rien, assurément, ne serait plus propre à assurer le rapide développement des caisses d'épargnes en France.

aux yeux; on encouragerait à la fois les travaux publics et les dépôts aux caisses d'épargnes: les premiers, en leur fournissant les capitaux qui leur sont
indispensables; les seconds, en leur accordant un
intérêt supérieur, selon toutes les apparences, à
celui de 4 pour cent accordé jusqu'ici par des pro-
cédés onéreux au Trésor.

Enfin, en les faisant participer aux bonnes
chances de la grande et haute industrie des voies de
transport perfectionnées, on intéresserait, plus
encore qu'à présent, les déposants à la tranquillité
et à la prospérité publiques.

A l'encontre de tous ces résultats, si désirables,
une seule objection est possible; mais comme elle
s'applique aussi bien au système actuel qu'à celui
que nous proposons, elle nous paraît avoir peu de
valeur; toutefois nous ne devons pas la passer sous
silence; la voici : Dans le cas de retraits nombreux,
il se pourrait, nous dira-t-on, qu'il ne convînt pas,
pour y faire face, de vendre, à vil prix, les valeurs
que la caisse des dépôts et consignations aurait
achetées dans les temps prospères; et le Trésor devrait, alors, faire les avances nécessaires aux remboursements demandés, ce qui le rendrait personnellement propriétaire d'actions, en le mettant aux
lieu et place des déposants remboursés. Mais il n'y
aurait pas grand mal à cela, car, ces actions, l'État les

restituerait plus tard quand les caisses reprendraient leur mouvement ascensionnel, et il se trouverait n'avoir fait qu'une avance momentanée à un bon intérêt. D'ailleurs, l'expérience a prouvé que les caisses d'épargnes, même dans les temps de crise, ne réclament jamais que des sommes insignifiantes; tout compensé, récemment en Angleterre, lors de la réforme, et ici naguère, c'est tout au plus si, dans son ensemble, le mouvement ascendant des caisses d'épargnes s'est trouvé momentanément arrêté.

Jamais les caisses d'épargnes n'ont reculé d'une manière sensible, et les craintes d'un embarras sérieux pour le Trésor, provenant de remboursements nombreux et instantanés, ne me paraissent nullement fondées.

Dans tous les cas, ce danger, s'il existe, est aussi bien pour le mode actuel de placement des fonds des caisses d'épargnes que pour celui que nous proposons; mais la différence de l'un à l'autre cas est immense. En effet, l'innovation proposée a pour double objet d'encourager les travaux publics et de faire participer la classe pauvre aux avantages qu'ils peuvent procurer.

La facilité de ce nouveau mode de placement des fonds des caisses d'épargnes, et ses autres avantages incontestables, ajoutent encore à toutes les raisons que nous avons fait valoir, en faveur de l'appui du crédit de l'État accordé aux grandes entreprises d'utilité publique, appui que nous avons caractérisé par ces mots : *Création des effets publics de la paix.*

CONCLUSION.

L'importante découverte des nombreuses et puissantes applications de la vapeur, notamment en ce qui touche la locomotion, est le fait capital de notre époque; cela n'est plus contesté par personne. A quelques rares exceptions près, tout le monde a compris quelle heureuse révolution devait produire un système de viabilité aussi perfectionnée que les chemins de fer. *Sécurité, célérité, économie,* voilà les avantages précieux qui ont mérité justement à cette moderne invention la faveur enthousiaste du public. Quant aux grandes dépenses que nécessitent ces immenses travaux, que pourront répondre leurs rares détracteurs, à la comparaison que nous avons faite des routes ordinaires et des routes en fer (1)?

(1) Cette comparaison peut être oubliée, la voici :

Les unes, les routes anciennes, *coûtent à l'État pour les créer et les entretenir, et leur usage, quoique non sujet à péage, est, en dernière analyse, plus coûteux que celui des chemins de fer.*

Les autres, les chemins de fer, *ne coûtent rien à l'État ni à personne.* Nous disons que les routes en fer ne coûtent rien à personne : En effet, s'il est vrai, que ce ne soit que dans des cas exception-

Aujourd'hui, chacun a reconnu qu'il y a, dans la multiplication des chemins de fer, un avenir immense; que tous les rapports anciens de provinces à provinces, de peuples à peuples, peuvent être modifiés complètement par cette découverte; enfin, que la civilisation est entrée dans une nouvelle période : comme lors de ces grandes découvertes des siècles précédents, qui changèrent la face du monde.

Aussi, la question n'est-elle plus de savoir s'il faut créer des chemins de fer, par exemple, afin que la France, profitant de sa position centrale, devienne le lien naturel entre le Nord et le Midi, l'Orient et l'Occident; — s'il est utile pour un pays d'employer les loisirs de la paix à de grands travaux publics;

nels et parce que l'entreprise aurait été mal conçue, mal exécutée ou serait mal gérée, que les revenus soient insuffisants (cas très-rares, car *l'inconnu des chemins de fer*, nous l'avons dit, *existe aussi bien pour les revenus que pour les dépenses, témoin l'augmentation extraordinaire de la circulation sur presque tous les chemins de fer en exploitation*), s'il est vrai que les chemins suffisent, par leurs produits, à tous leurs besoins de création, d'entretien et d'exploitation, cette vérité, que les chemins de fer ne coûtent rien à personne, est incontestable. Or, d'ordinaire, les compagnies pourvoient à tout, et elles trouvent encore dans leurs revenus de quoi assurer le service des intérêts, l'extinction successive du capital engagé et la distribution aux actionnaires d'un dividende plus ou moins fort..

Et, chose étrange! les bonnes chances croissent en raison directe de la multiplication des nouvelles voies; de sorte que plus on fera de chemins de fer, plus les revenus de ces entreprises, et de beaux revenus, leur seront assurés.

—si, en servant la prospérité générale et en faci-
litant les communications entre les hommes, ces
mêmes travaux ne sont pas le moyen d'éloigner les
causes de guerre; toutes ces questions, naguère
encore si controversées, sont maintenant des lieux
communs. Gouvernement, Chambres législatives,
public, tout le monde est d'accord que la France,
sur ce point, est restée de beaucoup en arrière de
ses voisins; qu'il est temps qu'elle sorte de son
apathie et passe de la théorie à la pratique.

Le problême est donc réduit à sa plus simple
expression : il s'agit uniquement de savoir comment
on arrivera au but, le *plus promptement* et le *plus économiquement* possible.

L'administration des Ponts-et-Chaussées, dont
chaque jour révèle davantage l'antipathie pour l'industrie privée, et met les fautes à découvert, avait
conçu le projet de se réserver tous les grands travaux publics; elle avait dressé ses batteries en conséquence, et nous y avons perdu cinq ou six années,
en vaines discussions. Enfin, elle s'est crue assez
forte pour aborder la Chambre des députés, où une
défaite cruelle, mais méritée, l'attendait. Il a fallu
qu'elle se soumît, bon gré mal gré, au vœu du pays
et qu'elle se résignât à voir concéder des grandes
lignes de chemins de fer à des compagnies particulières.... Mais l'on sait à quel prix l'administration

des Ponts-et-Chaussées a mis sa résignation (1).

Le tort des compagnies, le seul qu'on puisse raisonnablement leur reprocher, c'est d'avoir eu la faiblesse de céder à des exigences, tellement monstrueuses, que la voix publique accuse, sans doute sans raison, les concessionnaires d'avoir maladroitement donné dans le piége tendu par l'administration des Ponts-et-Chaussées.

Quoi qu'il en soit, il adviendra dans cette circonstance ce qui arrive souvent, c'est que du mal naîtra le bien. Jamais, avant l'expérience décisive qui a été faite, la Chambre n'aurait pu s'affranchir tout-à-fait des préventions intéressées qu'une administration rivale (aurait-elle dû jamais prendre

(1) S'il était permis de parler de soi dans cette circonstance, je dirais que, bien que les devis fautifs des Ponts-et-Chaussées ne portassent qu'à 23 millions le chiffre nécessaire à l'entreprise du chemin d'Orléans ; bien qu'en raison des éloges donnés de toutes parts au tracé de M. Defontaine, il fût permis de croire cette affaire classée dans une catégorie toute particulière, j'avais fait, cependant, auprès des membres principaux de la Compagnie des plateaux, les plus vives instances pour les déterminer à demander la garantie d'un *minimum* de revenu ; appui que, dans ce cas, la Compagnie d'Orléans n'aurait pas manqué de demander aussi.

Il est malheureux que les chefs de ces deux Compagnies n'aient pas été imbus au même degré que moi, des idées qui semblent prévaloir aujourd'hui. Les prétentions mal fondées de l'administration auraient été repoussées comme elles auraient dû l'être, et nous n'en serions pas à solliciter aujourd'hui comme faveur, des conditions qui nous étaient dues en toute justice.

une telle position!) cherchait à susciter contre les Compagnies, et jamais, sous cette influence, elle n'aurait pu parvenir à doter le pays d'un Code libéral de travaux publics; et cependant ce n'est qu'à l'aide d'une législation nouvelle, qu'on peut espérer de voir les travaux d'utilité générale prendre un grand développement. Les uns, persuadés que les capitaux étaient surabondants et qu'aucun secours de l'État n'était nécessaire pour les attirer dans les grandes entreprises, auraient repoussé toute idée de garantie (1); les autres, imbus de la fausse idée que les Compagnies feraient d'énormes bénéfices, et que ce serait un malheur, n'auraient été stimulés que par le désir de les modérer; tous, ou presque tous, préoccupés des déclamations sur l'agiotage, sans penser que l'on ne remue pas des entreprises, exigeant des millions par centaines, comme des affaires de gaz ou de bitume, auraient voté sous une influence défavorable; et, cependant, il est impossible que rien de grand se fasse par l'industrie, si ce n'est à l'aide de principes justes et des plus

(1) Rapport de M. Arago (page 32).

« La proposition de la Compagnie des chemins de fer du Nord établissait tout à la fois l'existence des capitaux et le peu de propension qu'ils avaient à se porter sur de grands travaux d'utilité publique. Maintenant, il faudrait fermer les yeux à la lumière pour ne pas voir combien les choses sont changées..... De toutes parts les capitaux grands et petits affluent vers les entreprises industrielles, etc. »

grands encouragements. Il faut aller chercher des exemples là où les travaux ont prospéré, là où ils ont rendu de grands services aux pays qui ont su les encourager, et non dans certaines traditions de l'Empire que l'administration des Ponts-et-Chaussées n'a que trop fidèlement conservées. Si, de l'Empire, quelque chose peut être offert utilement à notre imitation, assurément ce n'est pas son despotisme administratif, mais bien ses vues grandes, hardies, et la force de volonté du chef de l'État, avec lesquelles, en paix comme en guerre, un Gouvernement sait faire de grandes choses.

Il faut donc, si l'on veut de grands travaux publics en France, modifier complètement l'état de choses actuel ; c'est dans cette vue que nous avons présenté à plusieurs reprises un système complet de travaux publics, ayant pour objet l'alliance franche et sincère de l'administration des affaires publiques et de l'industrie privée, et, pour résultat, le plus prompt et le plus grand développement possible des immenses travaux, de tous genres, que la France réclame.

Mais, s'écrie-t-on, c'est un système tout entier ; c'est bien grave.— Eh ! quel mal y a-t-il à cela, si le système est bon ?

S'il est vrai que le crédit de l'État, appliqué, en temps de paix, aux grands travaux d'utilité publique, puisse produire des résultats dont on se fait difficilement une idée, parce que, nulle part, on n'a fait encore en grand cette nouvelle application du crédit, est-ce une raison pour que la France ne prenne pas une si belle et si glorieuse initiative (1)?

Assez long-temps, le crédit public, cet immense levier des États modernes, n'a servi qu'à aider l'œuvre de la destruction. Soyons les premiers à montrer le grand, le merveilleux usage qu'on en peut faire désormais. Si, de nos jours, l'Angleterre a, par ce moyen, réuni et dissipé plus de seize milliards, et la France plus de-huit milliards, pour couvrir l'Europe de ruines et de cendres, que ne pourrait-on attendre de bien-être et de progrès

---

(1) Le mérite de l'initiative de la garantie d'un minimum d'intérêt, appliqué aux entreprises d'utilité publique jugées dignes de cet encouragement, ne pourrait même plus nous appartenir, à moins que l'on ne se décidât à créer une nouvelle *dette publique*, à ouvrir un *grand livre de trois pour cent industriel*, en un mot, à donner un grand développement à ce système ; car, depuis quelques années, plusieurs souverains ont accordé de semblables garanties, mais pour des entreprises plus ou moins bornées, il est vrai. Tout récemment, les journaux annonçaient que l'empereur de Russie venait d'entrer, à son tour, dans cette voie, en garantissant 4 pour cent de revenu à l'entreprise d'un chemin de fer de Varsovie aux frontières autrichiennes....

Voilà cinq années bien comptées que cette question est en discussion en France, et nous en sommes encore à l'application ! Vantons-nous d'être à la tête de la civilisation !

7

pour l'humanité, d'une force pareille employée aux travaux reproductifs et féconds de l'industrie (1)?

Quel homme, ami de son pays, ne sentirait pas son cœur battre en face d'un tel avenir! Et qu'on n'oublie pas qu'on peut obtenir tous ces biens sans faire courir à l'État la chance d'aucuns sacrifices.

Non-seulement nous croyons avoir démontré que, dans aucun cas, cette nouvelle application du crédit ne saurait devenir onéreuse ou embarrassante, et qu'au contraire, loin de rien coûter au trésor, c'est le moyen le plus sûr de l'enrichir ; mais encore, à ceux dont l'esprit timoré redoute toutes les innovations, nous dirons: « Procédez par degré, et « au fur et à mesure que l'expérience vous aura « démontré la bonté du système. »

Que si, dans ce cas, l'État garantissait pour cinq cent millions de travaux, par exemple, en admettant, *ce qui n'est pas possible*, que ces travaux, sans exception, soient entièrement improductifs, et cela pendant toute la durée de la garantie, ce serait exactement comme si l'État avait consenti une dette

_____

(1) Ce serait une noble réparation du mal qui est résulté de l'emploi qu'on a fait du crédit dans ces temps de calamité pour l'espèce humaine; le crédit public a, comme avait la lance d'Achille, l'heureux pouvoir de guérir les plaies qu'il fait ; il ne s'agit que de savoir manier ce magique instrument et en faire un bon usage.

de quinze millions en 3 pour cent, avec un amortissement de cinq millions, en tout vingt millions, éteignant la dette en quarante-six ans.

Voilà quel serait le *maximum* de la charge possible; mais, comme on le reconnaîtra sans doute, il faut en déduire les impôts et les revenus de tous genres, dont ces grands travaux seraient la conséquence forcée. Estimez ces revenus ce que vous voudrez, je défie qu'on puisse les évaluer au-dessous de cette même somme. De cette manière, l'État aurait fait un essai qui, s'il réussissait, pourrait avoir les conséquences les plus heureuses, les plus fécondes pour le pays sans que, jamais, dans le cas contraire, il lui en coutât rien.

Si, comme tout autorise à le croire, les entreprises étaient productives (car pour admettre le contraire il faudrait supposer que compagnies, Gouvernement et Chambres se seraient grossièrement trompés), le trésor n'aurait pas un centime à débourser; l'État, sans qu'il lui en coûte rien, aurait doté le pays de magnifiques ouvrages; par le développement de la prospérité publique, le trésor percevrait une bonne part des produits, et, en fin de compte, il deviendrait propriétaire gratuit de toutes ces belles créations.

En présence de pareils faits, dont une partie sont des faits accomplis, qui pourrait hésiter encore à donner son adhésion à la nouvelle application du crédit public que nous avons proposée?

Au reste, la question est nettement posée, et les Chambres ne pourront pas se dispenser de la résoudre; on leur dira : « Vous voulez de grands « travaux publics, des chemins de fer, des canaux, « des docks, enfin tout ce qui constitue aujourd'hui « la richesse, le bonheur et la gloire des nations,» eh bien! il n'y a que deux manières de les obtenir :

1° Par l'État, au moyen d'emprunts qui se résolvent toujours en impôts;

2° Par des compagnies de capitalistes, au moyen de la garantie d'un *minimum* de revenu.

Naguère, vous avez rejeté la coopération des Ponts-et-Chaussées, en tant qu'elle ne serait pas indispensable, et vous avez bien fait. Restent les compagnies; mais aux conditions que vous leur avez faites, vous avez rendu leur tâche impossible : deux compagnies offrant tous les genres de *respectabilité* et tous les gages de succès, vous le déclarent : des modifications importantes au cahier des charges et l'appui du crédit de l'État, pour attirer dans ces entreprises les capitaux réels, sont nécessaires, indispensables.

Refuserez-vous à l'industrie un appui dont elle ne peut se passer, et qui ne saurait jamais être onéreux à l'État? Non. Après le vote mémorable de la Chambre, décidant que l'industrie particulière devait être préférée à l'État pour tous les travaux publics qu'elle voulait entreprendre, le refus de lui accorder les conditions qui, seules, peuvent lui permettre de vivre, d'acquérir des forces et de faire de grandes choses, serait une inconséquence dont la Chambre ne se rendra pas coupable.....

Son amour du bien public, et l'opinion générale aujourd'hui éclairée, nous en répondent; mais, si nous étions trompés dans notre attente; si cette question, qui nous apparaît si claire et si nette, était encore, pour beaucoup de personnes, enveloppée de nuages, et qu'il fallût attendre, toujours attendre (car, un jour ou l'autre, on viendra à ce que nous proposons), nous le regretterions amèrement, non pas pour les compagnies engagées, qui, aux risques des pénalités qu'on pourrait invoquer contre elles, se conduiraient nécessairement d'après la considération de leurs propres intérêts; mais pour le pays condamné, peut-être, à demeurer encore, pendant de longues années, privé de ces admirables travaux qui, chez nos voisins, attestent le bon jugement de leur gouvernement et constatent la prospérité générale qui en est la conséquence.

Nous le regretterions amèrement, disons-nous, parce que des considérations politiques de l'ordre le plus élevé se rattachent à l'adoption d'un système assez puissant pour offrir un aliment constant à l'activité nationale; parcequ'à nos yeux, enfin, nous l'avons déjà dit, il y a là une question de paix ou de guerre qui se résoudra, nécessairement, dans un avenir peu éloigné peut-être; or, une question dont la solution doit être la paix ou la guerre, est incontestablement la question la plus grande qu'on puisse soulever; et si un bon système de travaux publics devait exercer une influence réelle et faire pencher la balance du côté de la paix, comme nous le croyons fermement, l'humanité et la civilisation, gravement intéressées dans le débat, parleraient haut dans notre sens, et leur puissante voix serait sans doute entendue.... Oui, nous le disons avec une profonde conviction, s'il est un moyen d'échapper aux dangers qui menacent le pays et l'Europe entière, forcément solidaire des troubles de la France, ce moyen réside essentiellement dans une forte impulsion donnée aux travaux publics; dans des combinaisons qui intéressent à ces travaux toutes les intelligences, toutes les forces et toutes les positions sociales. Or, nous avons la conscience que le système proposé aurait infailliblement ce résultat. C'est pourquoi nous ne nous lassons pas de le recommander à l'attention publique. La cause est belle, mais, belle seulement par son but et par les conséquences que doit avoir son succès; car il devrait suffire, pour la défendre et la faire triompher, d'exposer les faits et d'indiquer les points de vue d'intérèt public sous lesquels ils doivent être considérés. Toutefois, nous ne pouvons nous dissimuler que cette défense, entreprise par nous, ne peut sortir qu'ébauchée de nos mains ; nous laisserons par conséquent le soin d'assurer son triomphe à ceux à qui leur position et leur talent donnent cette honorable mission.

21 *mai*. — *P. S.* La demande d'un nouveau crédit pour l'achèvement des canaux, que l'administration vient de faire, doit nécessairement soulever, devant les Chambres, l'importante question de savoir, *si, quand et comment* ces grands et beaux ouvrages dédommageront l'État de ce qu'ils lui auront coûtés.

—Et comme de bons résultats des travaux exécutés seraient un véritable encouragement pour en entreprendre de nouveaux;

—Que la difficulté d'établir de prime-abord des tarifs convenables, difficulté que nous avons signalée, s'applique aussi bien aux canaux sur le point d'être livrés à la circulation qu'aux chemins de fer à créer;

—Enfin, comme dans notre conviction, pour obtenir des résultats utiles, il serait indispensable de sortir la gestion des canaux des mains des Ponts-et-Chaussées, pour les mettre au moyen de l'affermage ou de régies intéressées, dans les mains de l'industrie privée, nous croyons utile de joindre à nos notes et documents une pièce relative à cette question d'un intérêt si majeur pour la navigation

intérieure. On la trouver acotée sous le nº 18, page
210 des notes et documents.

Assurément, en présence des résultats avantageux obtenus par les canaux qui, des mains de
l'administration où ils restaient stériles, ont passé
à des administrations particulières, il est sans doute
inutile d'insister sur le principe de la mesure.
Toutefois, nous ne résistons pas au désir naturel de
joindre à la pièce en question, le récit d'un fait
récent, arrivé sur le canal latéral à la Loire, et qui
vient, avec mille autres, justifier l'opinion assez générale, que les canaux ne rempliront pas le but
qu'on s'était proposé en les créant, tant qu'ils seront gérés par l'administration des Ponts-et-Chaussées. Et, bien que le dommage causé au Trésor par
suite d'une gestion mauvaise, puisse être très-consi-
dérable, c'est encore le moindre qu'on ait à redouter.
Ce qu'il importe, avant tout, en effet, c'est que les
canaux soient toujours en parfait état de viabilité,
et ils ne le seront pas aussi long-temps qu'ils seront gérés comme ils le sont actuellement : j'en
appelle à tous ceux qui ont pu être à même d'en
juger, et renvoie à la note 19ᵐᵉ annexée page 221
des notes et documents.

Mettre en régie intéressée les canaux appartenant à l'État, est une mesure d'intérêt public qui
marche de pair avec les grandes questions de la ré-

duction de la dette publique et celle de l'appui du
crédit de l'État, par la garantie d'un minimum de
revenu, en faveur des grandes entreprises d'utilité
publique. Ces trois mesures auront soulevé bien
des oppositions, provoqué bien des résistances,
mais elles n'en arriveront pas moins à leur accomplissement.

Ce qui est véritablement bon et utile doit triompher tôt ou tard, et c'est ce qui aura lieu pour les
mesures en question.

La question de la régie intéressée, moins connue
que les deux autres, n'est pas aussi étrangère qu'elle
le paraît d'abord au sujet que nous avons traité ;
car, toutes les communications se reliant entre elles,
il importe qu'elles soient toutes, sans exception,
dans un état de viabilité parfaite, afin d'éviter les
solutions de continuité, et que l'on puisse voyager
rapidement, dans toutes les directions, sans être arrêté par ce qu'il y a de plus pitoyable : des vices
administratifs.

L'objet de ce post-scriptum rentre donc tout-à-
fait dans le but que je m'étais proposé ; et quoique
intéressé dans la question, au double titre d'administrateur de la Compagnie des quatre canaux et de
porteur d'actions de jouissance (ou de copropriété
des canaux), j'ai d'autant moins cru devoir m'abstenir de la traiter ici, que ces intérêts sont parfai-

tement identiques avec ceux de l'État qui lui n'est
pas moins intéressé que tout le monde à ce que les
canaux produisent le plus possible; et, par cela
même, rendent au commerce et à l'industrie, en
vue desquels en définitive ils ont été creusés, tous
les services qu'on est en droit d'attendre d'eux, ainsi qu'à l'accomplissement.

Ce qui est véritablement bon et utile doit triompher tôt ou tard, et c'est ce qui aura lieu pour les
mesures en question.

La question de la régie intéressée, moins connue
que les deux autres, n'est pas aussi étrangère qu'elle
le paraît d'abord au sujet que nous avons traité;
car, toutes les communications se reliant entre elles,
il importe qu'elles soient toutes, sans exception,
dans un état de viabilité parfaite, afin d'éviter les
solutions de continuité, et que l'on puisse voyager
rapidement, dans toutes les directions, sans être arrêté par ce qu'il y a de plus pitoyable : des vices
administratifs.

L'objet de ce post-scriptum rentre donc tout-à-
fait dans le but que je m'étais proposé; et quoique
intéressé dans la question, au double titre d'administrateur de la Compagnie des quatre canaux et de
porteur d'actions de jouissance (ou de copropriété
des canaux,) j'ai d'autant moins cru devoir m'abstenir de la traiter ici, que ce intérêts sont parfai-

NOTES
ET DOCUMENTS.

PRÉCIS ANALYTIQUE

DE L'OUVRAGE INTITULÉ :

DU MEILLEUR SYSTÈME A ADOPTER

POUR L'EXÉCUTION DES

TRAVAUX PUBLICS EN FRANCE,

ET NOTAMMENT

des Grandes lignes de Chemins de Fer.

MARS 1839.

CHAPITRE PREMIER.

L'industrie appliquée aux voies de communication est la plus importante de toutes. — Citations d'auteurs célèbres à l'appui. — La France a devancé l'Angleterre dans la canalisation de son sol, mais elle s'est arrêtée en chemin, et, aujourd'hui, l'Angleterre a laissé, bien loin derrière elle, la France, sa rivale. — Les États-Unis d'Amérique, quoique datant d'hier, sont les plus avancés dans cette carrière. — Causes de cette infériorité de la France. — Les moyens de la faire cesser se trouvent : 1° *dans une refonte du code administratif des Ponts-et-Chaussées;* et 2° *dans l'adoption d'un bon système financier appliqué aux travaux publics.*

CHAPITRE II.

L'utilité, sinon la nécessité, de créer un vaste réseau de chemins de fer et de canaux étant reconnue, quels sont les meilleurs moyens d'y parvenir ? — Comparaison entre les voies anciennes dites *gratuites*, et les nouvelles, *sujettes à péages*. Elle est toute en faveur de ces derniers : les nouvelles voies sont beaucoup plus économiques; *elles sont plus que gratuites*, s'il est permis de s'exprimer ainsi, et il faudrait les établir partout, aussi bien dans les pays pauvres que dans les pays riches, si une grande circulation n'était pas un élément essentiel du problème : « *Les anciennes voies coûtent à créer et à entretenir, et sont d'un usage moins avantageux, sous tous les rapports, que les nouvelles voies, qui se créent en quelque sorte et s'entretiennent d'elles-mêmes, c'est-à-dire sans aucunes charges pour l'État.* » Ce fait, à lui seul, établit une immense différence entre elles.

A peu d'exceptions près, c'est à l'industrie privée, appuyée au besoin du crédit de l'État, que doit être confiée l'exécution des voies nouvelles.—Motifs qui doivent lui faire obtenir la préférence sur l'administration des Ponts-et-Chaussées. — L'Angleterre a constamment agi ainsi et s'en trouve bien. Le Gouvernement ne doit exécuter lui-même que les travaux d'utilité générale refusés par l'industrie privée, nonobstant la garantie d'un minimum de revenu.

CHAPITRE III.

Réfutation des objections faites au système de la Compagnie des chemins de fer du Nord. — L'administration n'a rien fait pour attirer les notabilités commerciales dans les travaux publics; au contraire, elle a tout fait pour les en éloigner.—Elle a essayé (sans succès heureusement) une fausse application des systèmes de la subvention en argent, et de la garantie d'un minimum de revenu.

§ Ier.

Réfutation, une à une, des objections faites, dans la discussion générale des chemins de fer (session 1837), au système des concessions.

D'abord, nous ne savons ce qu'on entend par lignes politiques et lignes non politiques. C'est un mot imaginé pour écarter l'industrie privée. — Politiques ou non, le Gouvernement peut faire aux actes de concession telles réserves que l'intérêt public peut exiger. — En cas de force majeure, le Gouvernement est maître de toutes les lignes ; et d'ailleurs, la clause de rachat lui ouvre la faculté permanente de devenir propriétaire, à des conditions équitables fixées d'avance, de tous les ouvrages, *quand et si cela lui convient.* L'idée de livrer les nouvelles voies sans péage ou avec un très-faible péage, est une idée radicalement fausse et qui aurait les plus déplorables résultats. — Elle transformerait en charge publique les avantages que le transit est appelé à procurer au pays, et porterait une grave atteinte aux revenus de l'État. — Elle arrêterait court le développement de l'esprit d'association appliqué aux travaux publics. — Les tarifs ne peuvent être uniformes que dans la fixation de *maximum.* — Le monopole redouté des compagnies est impossible. — Les ingénieurs de l'État prendraient une large part aux travaux. — Les concessions à perpétuité sont les seules justes ; le retour à l'État, à une époque quelconque, sauf le cas de sa participation dans les chances de l'entreprise, est une spoliation déguisée. Cette condition de confiscation, qui semble passée récemment dans notre droit public, est exclusive de tout bon système d'encouragement des grands travaux publics.

Admission de la clause du rachat à des conditions équitables et fixées d'avance ; non que nous pensions que l'on doive jamais en faire usage, mais comme moyen de faire disparaître les

fantômes au moyen desquels on s'était flatté d'éloigner l'indus
trie privée des grands travaux publics.

Les concessionnaires doivent gérer l'entreprise, au moins jusqu'après l'achèvement des travaux.

Le cautionnement est une garantie tout-à-fait illusoire et inutile. On ne l'exige qu'en France et par suite des fausses idées
qu'on s'est faites sur les *autorisations* improprement nommées
concessions.

§ II.

Réfutation des objections spéciales faites au système de la garantie par l'État d'un minimum de revenu.

Cette garantie doit être accordée, à titre d'encouragement, à
toutes les grandes entreprises d'utilité publique dont l'État
voudrait l'exécution; non dans l'intérêt des concessionnaires,
mais surtout et, avant tout, dans l'intérêt général.

Elle facilite la réunion des capitaux, assure l'achèvement
des travaux, ne laisse rien à l'arbitraire ni à la corruption. Ce
mode d'encouragement est le moins favorable à l'agiotage, et
met plus à l'abri des crises violentes qu'un grand développement de travaux publics pourrait justement faire redouter.

Conditions de ce système.

La garantie doit porter sur la somme réellement dépensée.
On pourrait néanmoins limiter cette somme par un maximum
élevé, qu'il serait toujours dans l'intérêt bien entendu des
compagnies de ne jamais atteindre; car évidemment les compagnies seraient les premières intéressées à dépenser le moins
possible.

En ce qui concerne les dépenses, si l'État exécutait lui-même,
il n'échapperait pas davantage aux erreurs de devis de ses
agents, avec cette différence qu'il ne pourrait pas, comme dans
le système des compagnies garanties, restreindre ses dépenses
une limite *maximum*.

L'État ne garantirait jamais au-delà de 4 pour cent, amortissement compris, quel que fût le sort de l'entreprise ; et si, parce que les revenus ne suffiraient pas pour couvrir les frais d'exploitation, la Compagnie venait à cesser son service, de droit et de fait l'État deviendrait propriétaire du chemin, pour en disposer comme de chose lui appartenant.

Si elle était réduite à la dure nécessité de recourir à la garantie de l'État, la Compagnie n'ayant dans ce cas que 3 p. cent d'intérêt de ses capitaux, ses actions perdraient 20 à 25 p. cent. Ce fait suffit à lui seul pour expliquer comment la garantie n'aurait jamais pour effet de refroidir le zèle des administrateurs. Évidemment, les compagnies garanties feraient tous leurs efforts pour éviter de recourir au trésor public ou pour sortir de cette fâcheuse situation si elles s'y trouvaient. Là, est la réponse à la crainte mal fondée que les compagnies n'auraient aucun intérêt à bien administrer, assurées qu'elles seraient d'un bon revenu.

Le gaspillage dans les sociétés anonymes est impossible. L'application d'une portion des produits à des améliorations serait, en définitive, dans l'intérêt de l'État lui-même, puisque ces améliorations, en augmentant les produits, le soustrairaient aux chances de la garantie, et profiteraient au chemin qui doit finalement faire retour à l'État.

Le système de la garantie d'intérêt *à un taux aussi modéré* ne provoque donc aucune objection sérieuse, et rien n'empêcherait qu'on n'en fît une large application surtout en procédant successivement et par voie d'essais.

§ III.

Des motifs qui devraient faire adopter le système d'encouragement de la garantie d'intérêt.

Comparaison de la garantie d'intérêt avec la subvention en argent. — Inconvénients de celle-ci. — A toutes sortes de titres, la préférence doit être accordée à la garantie d'un minimum de revenu. — Chemin de Belgique concédé à M. Cokerill pris pour exemple. — La subvention de 20 millions qui lui était accordée, mise en réserve à l'intérêt composé, offrait à l'État les chances, les plus probables, d'un grand bénéfice à l'expiration de la garantie d'un minimum de revenu qui aurait pu lui être substituée. — Calculs à l'appui. — Par ce mode, on n'accorde de secours qu'aux compagnies qui en ont réellement besoin et dans la juste mesure de leurs besoins. — En se classant rapidement dans le portefeuille des rentiers, les actions garanties par l'État ne resteraient pas flottantes sur la place comme les autres actions industrielles, et, par le fait même de ce classement, le champ de la spéculation serait aussi restreint que possible.

La garantie doit être uniformément de 4 pour cent pendant quarante-six ans. Les compagnies qui jouiraient de cet avantage devraient être tenues de créer des actions portant 3 pour cent d'intérêt, remboursables au pair, moyennant un amortissement de 1 pour cent, et cela, afin de leur donner le caractère précieux d'effets publics, et de permettre aux établissements de crédit, comme la Banque de France, la Caisse des Consignations, par exemple, de les recevoir en nantissement de leurs avances, lesquelles viendraient fort à propos augmenter le montant des capitaux circulants, au moment où de grands travaux pourraient rendre cette augmentation nécessaire. Faire participer les nouvelles actions à tous les avantages des effets publics, en ce qui concerne la facilité des mutations de propriété, est la pierre angulaire de l'édifice.

On s'effraierait à tort de la durée de la garantie (quarante-six ans). — Pourquoi?. — Si le Gouvernement se décidait en faveur de ce système, il fonderait, au grand profit du pays, une sorte de dette publique que l'on pourrait appeler *dette publique temporaire et conditionnelle, créée pour l'encouragement des grands travaux publics*.

Ce serait le grand livre de la dette de la paix.

En supposant les éventualités les plus fâcheuses, et que la somme énorme de 2 milliards garantis aurait été employée en travaux publics, cette dette pourrait s'élever, par supposition, à 40 millions par an, et pendant quarante-six années; mais outre qu'il est impossible d'admettre que la moitié des travaux exécutés resterait pendant quarante-six ans sans donner *aucuns* produits; outre qu'une partie des entreprises, revenues à un état plus prospère, seraient appelées à rembourser, au moyen de l'excédant de revenus, s'élevant à 6 pour cent, tout ou partie des avances antérieures qui leur auraient été faites par le Trésor, rien ne serait plus facile que d'opposer à cette dette un fonds de réserve spécial, créé avec les revenus provenant directement des travaux exécutés, comme on le verra plus loin, et ce, sans tenir compte des produits indirects que ces grands travaux feraient surgir en foule, et qui viendraient se confondre avec les revenus de l'État. Quant aux économies annuelles que ces voies nouvelles procureraient au *commerce, à l'industrie et à l'agriculture*, c'est les évaluer bas que de ne les porter qu'à 300 millions, chiffre qui néanmoins peut paraître énorme. — Calculs à l'appui.

Les motifs les plus puissants se réunissent donc pour l'adoption du système de la garantie d'un minimum de revenu par l'État, système qui aurait pour effet de pousser à un grand développement des travaux publics, sans risque d'aucunes perturbations redoutables dans les finances de l'État ou dans la fortune des particuliers.

CHAPITRE IV.

Création d'un fonds de réserve spécial pour subvenir à l'éventualité des garanties accordées aux compagnies concessionnaires de grands travaux publics.

Nous avions établi, dans notre premier mémoire, qu'on pourrait subvenir aux charges possibles d'un milliard dépensé en travaux, moyennant la création immédiate d'une annuité de

6 millions, payables pendant quarante années environ; d'où il suit que la création immédiate d'une annuité double aurait pu couvrir les éventualités posssibles (je ne dis pas probables) de 2 milliards employés en travaux publics. Mais sans charger le présent et sans craindre d'embarrasser l'avenir, il est possible, comme nous l'avons dit, de satisfaire à toutes les exigences de la prudence : c'est en créant un fonds spécial de réserve au moyen des bénéfices qui résulteraient pour le Trésor des ouvrages exécutés. Ainsi, par exemple, au moyen,

1° Du bénéfice sur la solde des troupes employées aux travaux;

2° Des droits d'entrée de rails et machines locomotives venant de l'étranger, comme il sera expliqué plus loin;

3° De l'augmentation infaillible du droit perçu sur les voyageurs;

4° Des droits d'enregistrement fixes ou proportionnels de tous les actes relatifs aux travaux des compagnies garanties;

5° Des économies nombreuses sur différents services de l'État provenant de l'établissement des nouvelles voies de communication.

6° Des remboursements qui pourraient être faits par des compagnies revenues à un état plus prospère.

D'après des appréciations nullement exagérées, ce compte de réserve se trouverait doté de 15 à 20 millions annuels; qui feraient retour à l'État après l'expiration des garanties accordées, tout aussi bien que les chemins de fer ou canaux créés par ce moyen, après l'expiration des concessions.

De plus, l'État aurait économisé toutes les subventions d'argent, qu'en l'absence du système de garantie, il aurait probablement dû accorder.

Enfin, l'on pourrait enrichir ce compte de réserve d'une portion des bénéfices que procurerait au Trésor la réduction de l'intérêt de la dette publique. Ce serait, certes, le meilleur usage qu'on en pût faire. De cette manière, on moraliserait, même aux yeux des rentiers, une mesure utile, nécessaire, mais qui leur paraîtra toujours bien dure, quelque juste et légitime qu'elle soit.

Ainsi, il ne serait raisonnablement pas permis de concevoir la moindre appréhension pour l'avenir, et de craindre que le système d'une garantie d'intérêt pour l'encouragement des grands travaux publics puisse jamais compromettre les finances du royaume.

CHAPITRE V.

De la prise de possession immédiate des terrains expropriés.

Bien que la nouvelle loi d'expropriation pour cause d'utilité publique ait beaucoup amélioré la situation des entrepreneurs de grands travaux, néanmoins, à la veille d'un grand développement de l'esprit d'association, une disposition législative qui permettrait de prendre possession, dans un bref délai, des propriétés frappées d'expropriation pour cause d'utilité publique (sauf à régler plus tard le chiffre exact de l'indemnité due légalement), moyennant le paiement d'une indemnitée préalable suffisante; une telle loi, dans les circonstances nouvelles où nous voulons nous placer, serait de la plus haute importance, sans nuire en rien au droit sacré de la propriété.

Elle faciliterait, accélérerait les travaux, et elle paralyserait les spéculations illicites sur les propriétés susceptibles d'expropriation, en faisant tomber toutes les prétentions exagérées.

Ce serait un puissant secours accordé aux entrepreneurs de travaux publics, sans qu'il en coutât rien à personne.

CHAPITRE VI.

De la transaction à faire relativement aux droits d'entrée sur les rails et machines locomotives venant de l'étranger.

Les belles théories de la liberté commerciale font de jour en jour des progrès. — On comprend mieux aujourd'hui que cette liberté n'est autre chose que *la division du travail entre na-tions.* L'essai si heureux de l'association allemande, association qui a réalisé cette liberté pour vingt-cinq millions d'habitants, resserrés naguère par des lignes de douanes entassées les unes sur les autres, cet essai parle haut en faveur de la liberté com-merciale.

Toutefois, trop d'intérêts sont engagés dans la question pour qu'en France l'on ne procède pas avec les plus grands ména-gements, et le mode le plus sage, selon nous, serait d'adopter, *dès à présent,* une échelle graduelle et décroissante des droits, calculée sur les besoins et les exigences de chaque industrie, de manière à ce que le consommateur ne restât pas condamné à *perpétuité* à payer plus cher une marchandise moins bonne qu'il ne pourrait se la procurer *en commerçant* avec ses voisins. La liberté commerciale, c'est le plus grand développement pos-sible du commerce, autrement dit, des échanges entre tous les peuples de la terre.

En ce qui touche les rails et les machines locomotives, comme il s'agit de besoins nouveaux autant qu'imprévus, on pourrait assurément, sans manquer en rien à la protection promise aux établissements métallurgiques français, accorder leur entrée en franchise de droits, ainsi qu'on l'a fait en Amérique et ailleurs, dans le but d'encourager ces utiles créations de chemins de fer. Toutefois, comme cette mesure donnerait lieu, dans l'état actuel des esprits, à de vives réclamations ;—qu'il est juste de recon-naître que l'industrie du fer est en progrès ; — qu'une très-grande consommation ne saurait manquer de l'améliorer de plus en plus ; — que d'ailleurs cette industrie est l'un des plus grands éléments de prospérité des voies de transport, dont il importe, avant tout, d'encourager le développement ;—enfin, que les droits perçus viendraient augmenter d'autant le fonds de réserve destiné à l'encouragement des grands travaux pu-blics, proposition d'une transaction qui concilierait tous les in-térêts.

Il faudrait adopter un tarif régulateur qui établît à l'usine étrangère le prix maximum de 360 francs, c'est-à-dire, faire en sorte, au moyen du droit d'entrée, que l'étranger ne pût pas livrer son fer, en France, au-dessous de 360 francs, prix auquel les maîtres de forges français ont dit pouvoir fournir tous les fers nécessaires. De cette manière, le renchérissement des prix, la mauvaise qualité ou la pénurie des fers ne seraient plus à redouter, et la concurrence intérieure ne pourrait s'exercer que dans le sens le plus favorable, celui de l'abaissement successif des prix.

CHAPITRE VII.

De la fixation des tarifs.

La question des tarifs est une question vitale et qui généralement a été mal appréciée.—C'est en grande partie la faute de l'administration. En poussant à l'avilissement des tarifs et même à la suppression des péages, les Ponts-et-Chaussées allaient directement à leur but : *le monopole de tous les travaux publics.* En effet, il n'y a pas d'entreprises possibles par l'industrie sans des tarifs rémunérateurs.

En Amérique, il y a liberté entière; en Angleterre, des maximum de tarifs qui sont l'équivalent de cette liberté. Il n'y a, que nous sachions, aucune raison pour qu'en France l'on procède autrement qu'on ne fait dans des pays qui nous ont précédés dans la carrière, et qui recueillent de si grands avantages du mode qu'ils ont adopté.

Un mauvais tarif peut ruiner de fond en comble une entreprise, sous tous les autres rapports, dans les plus brillantes conditions de succès. Exemple : *Chemin de fer de Saint-Etienne à Lyon.* Une simple modification dans son tarif le ferait passer à l'état le plus prospère. Pousser aux tarifs trop bas, c'est donc pousser à la ruine de l'industrie privée, sans intérêt et sans utilité pour personne. — Ce qui importe à tous, c'est que les entreprises prospèrent et par là se multiplient. Ceci est beaucoup plus important qu'un tarif plus haut ou plus bas de quelques centimes, et cela d'autant que l'on peut établir diverses classes de marchandises et de voyageurs, et que le moyen d'attirer beaucoup de transports c'est que le prix en soit modéré. On gagne souvent à diminuer les droits ; mais il faut que l'expérience préside à toutes les délibérations à ce sujet, et ne pas opérer, comme aujourd'hui, sur des inconnus.

La liberté des tarifs, ou, si les idées ne sont pas encore à cette hauteur, la fixation de maximum suffisamment élevés : tels sont les moyens de satisfaire à l'utilité publique et de laisser aux compagnies la latitude qui leur est nécessaire pour chercher et trouver le point juste où les tarifs ne sont ni trop hauts ni trop bas. L'administration et les Chambres ont opéré au hasard, et les résultats de cette manière de procéder en une matière aussi grave, ont été ce qu'ils devaient être.

CONCLUSION.

L'application de la vapeur à la locomotion est la découverte du siècle. Qui sait les immenses changements dont elle doit être suivie ! Dans cet état des choses, la France ne peut rester stationnaire au milieu du mouvement qui s'opère autour d'elle.

Il faut qu'elle entre enfin dans la nouvelle et pacifique carrière ouverte chez tous les peuples industrieux.

Selon nous, le moyen d'y entrer, c'est une réforme du Code administratif et un appel franc et loyal à l'industrie privée, *aidée du crédit de l'État*.

Puis, l'exécution, par le Gouvernement, de tous les travaux d'utilité générale qui, par l'incertitude des revenus ou la difficulté des travaux, seraient hors de la portée de l'industrie privée.

N° 2.

EXTRAIT

DE LA LÉGISLATION DES CHEMINS DE FER

EN ANGLETERRE ET EN FRANCE,

PAR ACH. GUILLAUME.

(Voir les pièces justificatives dans l'ouvrage même.)

En Angleterre.

1. Uniformité dans les principes généraux; règles écrites, positives et obligatoires pour tous, et dont l'observation confère à toutes les compagnies des droits égaux, et, aux Chambres les mêmes devoirs vis-à-vis de toutes les compagnies. Mais ces règles générales ne s'appliquent qu'aux justifications à faire, et nullement aux conditions physiques d'exécution, comme pentes, dimensions, etc., lesquelles peuvent varier suivant les circonstances.

2. Le pouvoir législatif autorise seul, et dans tous les cas où il doit y avoir expropriation,

En France.

1. Rien d'arrêté dans les principes généraux: point de règles tracées à l'avance, dont l'observation puisse conférer des droits aux particuliers, ni des devoirs à l'administration ou aux Chambres.

En revanche, l'administration proscrit les plans inclinés, les pentes dépassant une certaine donnée, etc., sans égard à la nécessité de convenance ou d'économie qui varie suivant chaque localité.

2. Le pouvoir législatif, ou, selon le cas, le gouvernement (1) (c'est-à-dire l'admi-

---

(1) Voyez aux pièces justificatives, n° 9, l'art. 3 de la loi du 7 juillet 1833, sur l'expropriation pour cause d'utilité publique.

En Angleterre.

de quelque faible ou grande importance que soit l'entreprise : son intervention n'est nécessaire que pour le cas d'expropriation (1) et pour la constitution des sociétés.

L'autorisation est obtenue sous l'accomplissement des conditions requises, non comme une faveur, mais comme l'exercice d'un droit.

3. Le pouvoir exécutif ou l'administration n'intervient pas autrement que par la sanction royale ; et l'initiative des demandes appartient aux particuliers par voie de pétition aux Chambres.

4. Aucune responsabilité administrative n'est engagée, aucun soupçon de vénalité ne frappe le pouvoir.

5. Toutes les autorisations, sans exception, sont perpétuelles.

6. Aucune disposition fiscale ; nulle prétention à la propriété de l'entreprise.

L'autorisation n'est subordonnée qu'aux garanties que l'utilité publique et l'intérêt des tiers réclament.

En France.

nistration) *accordent des concessions,* ce qui implique *don, octroi,* avec toutes les conséquences attachées *à une faveur :* et entre autres celles de la prendre comme elle est accordée et sans discussion des conditions.

3. Indépendamment des cas dont la décision entière et absolue est réservée à l'administration, par la loi du 7 juillet 1833, elle exerce sur les autorisations législatives, en outre de la sanction royale, une initiative exclusive.

4. De cette initiative dont rien ne règle l'exercice, résultent toutes les conséquences de la responsabilité, et entre autres les suspicions sans nombre dont se plaint l'administration (2).

5. Les concessions, d'abord perpétuelles, ont été récemment réduites à n'être plus que temporaires.

6. Le gouvernement se constitue nu-propriétaire de l'entreprise, sans y concourir autrement que par l'autorisation qu'il accorde.

La compagnie exécutante n'a que l'usufruit pendant un nombre d'années déterminé.

La concession est donc subordonnée à toutes les conditions de surveillance du pro-

(1) Tous les bills reconnaissent aux propriétaires voisins des railroutes et à toutes autres personnes, le pouvoir d'y établir des embranchements sur leurs terres ou sur celles des autres, avec le consentement des propriétaires, et sans nouvelle autorisation législative.

(2) Notes et pièces justificatives, n. 6.

En Angleterre.   *En France.*

priétaire vis-à-vis de l'usufruitier, et à toutes les conséquences de deux intérêts toujours en opposition.

7. Les autorisations sont directes dans tous les cas, et accordées à la compagnie même qui forme la demande après qu'elle a fait les études et rempli toutes les formalités exigées.

7. Les concessions sont directes dans de certains cas, et, dans d'autres, elles ont lieu par adjudication.

Mais elles tombent presque toujours entre les mains d'un seul ou de quelques individus (1) auxquels elles confèrent un droit et une sorte de propriété, qu'ils vendent ensuite aux compagnies quand ils peuvent parvenir à en opérer la formation.

8 Pour assurer la possibilité financière d'exécution du projet, on exige, préalablement à tout, en Angleterre, la formation d'une compagnie par acte obligatoire pour ses membres, et la réalisation en espèces, d'un fonds destiné à pourvoir aux dépenses d'études, d'enquêtes, etc.

Ce fonds, à la formation duquel tous les actionnaires contribuent proportionnellement, est une première garantie de la réalité des souscriptions de chacun.

Il est versé dans la caisse ou chez les banquiers de la compagnie, à la disposition de laquelle il reste toujours.

8. Les compagnies, quand on parvient à les constituer, ne se forment que long-temps après l'obtention de la loi (2).

Ainsi, les projets se conçoivent, se proposent, se discutent, et la loi les sanctionne toujours avant qu'on puisse savoir si les capitaux pourront être réunis pour leur exécution.

9. Aucun cautionnement n'est versé dans les caisses de l'État.

9. La garantie exigée de ceux qui sollicitent une *concession directe*, ou qui se présentent à *l'adjudication*, est le dépôt d'un cautionnement dont le montant, fixé arbitraire-

(1) Pièces justificatives, n. 10.
(2) Notes et pièces justificatives, n. 10.

En Angleterre.

En France.

ment (1), peut être une grande perte pour ceux auxquels il appartient, mais n'offre qu'une garantie illusoire d'exécution.

Souvent même, et quand il s'agit surtout de ces entreprises colossales dont l'importance semblerait devoir exiger une garantie plus forte et plus réelle, la formalité du cautionnement n'est pas exigée pour l'obtention de la loi (2).

Quant à ce cautionnement, il n'est point la garantie des intérêts des tiers, ni destiné à pourvoir aux frais d'études et d'examen du projet. C'est une valeur morte, déposée, moyennant un faible intérêt, dans les caisses publiques, et dont l'État s'approprie la moitié dans le cas où le concessionnaire ne peut parvenir à se procurer les capitaux nécessaires pour commencer son entreprise (3).

10. Après les justifications financières, viennent celles de la possibilité d'exécution sous le rapport de l'art, sous le rapport des dépenses et des produits probables, enfin sous le rapport de l'utilité publique.

10. Les hommes de l'art sont réduits à spéculer eux-mêmes sur les chances de productions d'un projet; ou bien, ils prêtent à d'autres spéculateurs le secours de leurs talents en échange d'une promesse de

---

(1) 500,000 fr. pour la railroute de Saint-Germain, dont les dépenses étaient évaluées à 3,900,000; 800,000 fr. pour celle de Versailles dont les dépenses étaient estimées par l'administration à 4,500,000 fr.

(2) Point de cautionnement pour le canal des Pyrénées, estimé à plus de 48 millions, ni pour le canal latéral à la Garonne.

(3) Art. 29 du cahier des charges de Saint-Germain, annexé à la loi du 9 juillet 1835. Même article au cahier des charges de Cette à Montpellier; art. 31 du cahier des charges de Versailles, loi du 9 juillet 1836.

Précédemment, le cautionnement pouvait être confisqué en entier. — Cahier des charges de Saint-Étienne. art. 7, ordonnance royale du 7 juin 1826.—Cahier des charges d'Andrezieux à Roanne, art. 9; ordonnance royale du 26 avril 1829.

En Angleterre.

Les éléments de ces justifications sont :

Des études largement payées, et où la réputation des ingénieurs et leur fortune sont également intéressées.

Des estimations de dépenses, et des recherches statistiques, dont les auteurs doivent démontrer aux enquêtes parlementaires l'exactitude des bases et des détails, et que tous les opposants ont le droit d'examiner et de contredire.

11. L'argent, l'art et l'utilité publique une fois consultés par la compagnie, la propriété, qui profitera en général, mais qui, dans quelques cas partiels, est exposée à souffrir, est consultée à son tour. De nombreux avis sont insérés dans les journaux (2) : d'autres sont personnellement adressés à chaque propriétaire, indépendamment des avis publiés dans les paroisses et les plans détaillés qui y sont déposés.

Lors des enquêtes parlementaires, les propriétaires, comme tous les autres opposants, ont le droit de venir soutenir leur opposition devant les comités des Chambres.

En France.

part dans les bénéfices industriels, qui se réalisent rarement.

L'incertitude d'obtenir la concession ne permet guère de hasarder que de faibles déboursés. Les études sont donc rarement poussées au-delà d'un avant-projet, et les cahiers de charges que la loi homologue obligent les concessionnaires à fournir, dans le *délai de* 6 *mois après la loi rendue* (1), le tracé définitif, c'est-à-dire les études sérieuses et complètes, au lieu des indications vagues et générales dont la loi s'est contentée.

Les projets présentés par l'administration des Ponts-et-Chaussées elle-même n'ont pas un caractère plus définitif.

11. Les enquêtes générales qui s'ouvrent avant l'adoption des plans par l'administration, aux termes de l'ordonnance du 18 février 1834, n'étant poursuivies par aucun intéressé, ne donnent lieu à aucun examen contradictoire. Elles n'offrent aux propriétaires aucun moyen de reconnaître si leur propriété sera ou non atteinte.

Quant aux enquêtes locales qui précèdent l'expropriation, et qui font l'objet du titre II de la loi du 7 juillet 1833, elles sont trop tardives pour que leur effet soit de quelque garantie pour la propriété.

Les *propriétaires* ne sont même pas admis de droit aux

(1) Cahier des charges des diverses railroutes : notes et pièces justificatives n° 12.

(2) Dans la suite de cet ouvrage, nous entrerons à cet égard dans des détails plus complets, et nous fournirons de nombreux exemples.

En Angleterre.

12. Les demandes des bills de railroutes doivent être déposées, avec toutes les justifications à l'appui, le 1er avril de l'année précédant immédiatement celle où devra avoir lieu la session du parlement (2).

13. Les enquêtes à la Chambre des lords sont aussi complètes qu'à la Chambre des communes, et même plus solennelles encore, puisque les dépositions y sont reçues sous le serment, que la Chambre des communes n'a pas le droit de déférer pour ces matières : la Chambre des lords examine donc en toute liberté, et n'est jamais privée de l'exercice du droit qu'elle a de rejeter ou d'amender ce qui a été adopté par la Chambre des communes (3).

14. Les compagnies ne proposent pas seulement le tracé qui leur paraît le plus convenable, mais aussi toutes les conditions de l'exécution de leur projet.

En France.

commissions d'enquête, mais peuvent seulement *être appelés* par elles (1).

12. Aucune époque n'est fixée pour la présentation des projets de loi de railroutes. Les Chambres n'en sont ordinairement saisies que vers la fin de la session, lorsque le temps leur manque pour un examen complet.

13. Plus pressée encore par les délais, que ne l'a été la Chambre des députés, la Chambre des pairs est pour les lois de railroutes à peu près dans les mêmes conditions de hâte et de précipitation que pour les budgets. Son vote, précédé d'un rapport très-succinct, est ordinairement prononcé sous l'empire de cette idée que tout amendement équivaudrait à un rejet, faute de pouvoir retourner à temps à l'autre Chambre.

14. L'administration se réserve le choix du projet, impose souvent celui qu'elle-même a conçu, et, dans tous les cas, dicte les conditions.

Une fois ces conditions posées par le directeur-général des Ponts-et-Chaussées, et approuvées par le ministre, il ne reste aux concessionnaires en expectative qu'à s'y soumettre ou se retirer.

---

(1) Loi du 7 juillet 1833, art. 9. Pièces justificatives n° 15.

(2) Nouveau règlement du parlement d'Angleterre pour les prochaines sessions, art. 4. Pièces justificatives.

(3) Dans la session dernière, la Chambre des lords n'a pas admis les bills des railroutes de Brighton, de South Durham, de North Midland, de Manchester et Cheshire, et autres qui avaient passé, après de longues enquêtes, à la Chambre des communes.

En Angleterre.

15. Les compagnies obtiennent le droit de faire ; mais, n'en contractant pas l'obligation, elles sont libres de s'arrêter où il leur convient, et même d'abandonner tout ou partie de leur entreprise après qu'elle est achevée.

16. Dans l'un ou l'autre de ces cas, la compagnie conserve la jouissance de ce qu'elle a exécuté et qu'elle exploite ; et la déchéance ne consiste, à son égard, que dans l'expiration, quant aux parties non achevées ou abandonnées, des pouvoirs résultant de son acte d'autorisation.

Aucune confiscation, aucune amende ne lui sont imposées ; et comme, dans les parties non achevées ou abandonnées, la propriété seule a pu souffrir par suite d'une expropriation devenue alors sans objet, les propriétaires seuls sont indemnisés par la remise gratuite qui leur est faite des terrains qu'ils avaient vendus. Mais tous les matériaux appartiennent à la compagnie, qui en dispose.

17. Si une affaire périclite par manque de fonds, et qu'elle présente pourtant une perspective utile, le gouvernement vient à son aide par des prêts d'argent ou de bills de l'échiquier (2), à bas intérêts, et remboursables en vingt ans, par annuités.

Il prévient ainsi la ruine des compagnies, et le discrédit gé-

En France.

15. Les concessionnaires *s'obligent à faire* (1) ; et comme l'État est propriétaire en perspective, il faut à tout prix qu'ils aillent au bout de leur entreprise, et qu'une fois achevée, ils l'entretiennent en bon état et dans son entier, profitable ou non.

16. Si la compagnie n'achève pas, elle est dépossédée, même de ses travaux terminés ; ceux-ci sont adjugés à tout prix à quiconque promet de terminer l'entreprise.

Sa position d'usufruitière ne lui permet même pas d'abandonner en tout ou en partie son entreprise, puisque, ainsi qu'il vient d'être dit, elle en doit l'entretien pendant tout le temps de la concession, et, à l'expiration de ce délai, la remise en bon état.

17. On a vu dans les paragraphes précédents comment, lorsqu'une affaire est embarrassée, la ruine de la compagnie est complétée par les effets de la déchéance et des confiscations qui en sont la suite.

Ce fait, qui malheureusement n'est pas sans exemple, contribue puissamment à discréditer tout genre d'affaires

(1) Notes et pièces justificatives, n° 14.
(2) Notes et pièces justificatives, n° 15.

En Angleterre.

néral qui ne manquerait pas de s'ensuivre pour les affaires de la même nature.

18. Les prêts du gouvernement ne sont pas seulement destinés à relever les compagnies embarrassées, mais encore à activer et développer la marche de celles qui vont bien.

Ces prêts peuvent avoir lieu avant même que les actionnaires aient réalisé le versement de la totalité de leurs souscriptions.

C'est ainsi que des avances ont été faites aux compagnies de Liverpool à Manchester, de Dublin à Kingstown, de Londres à Birmingham, etc., avant que les appels de fonds n'aient été faits en totalité aux actionnaires.

Ces avances ne donnent point au Gouvernement le droit de s'immiscer, en quoi que ce soit, dans la gestion intérieure des compagnies, ni dans la direction de leurs travaux.

19. Enfin, toutes les dispositions des bills sont soumises aux modifications que le temps et l'expérience suggèrent, lorsque les compagnies les demandent, en remplissant les formalités prescrites.

En France.

où l'on est soumis aux exigences, ou seulement même à l'intervention de l'administration.

18. Non-seulement le gouvernement ne fait en France aucune avance aux compagnies, mais il met ; par le cautionnement qu'il exige, une partie de leurs premiers fonds en interdit.

Le cautionnement n'est rendu que par cinquième, après l'emploi d'une somme double de celle à restituer. Mais le dernier cinquième reste en dépôt jusqu'à la fin de l'entreprise, quelque besoin d'argent que puisse avoir la compagnie pour accélérer ou terminer ses travaux.

19. La révision des dispositions d'une concession est toujours chose très-difficile à la suite d'une concession directe, rien ne réglant la manière dont cette révision doit avoir lieu : elle est bien plus difficile encore à la suite d'une adjudication dont les conditions ne peuvent être modifiées sans donner aux tiers le droit ou du moins l'occasion de réclamer (1).

(1) Dans le rapport du colonel Lamy sur le chemin de fer de Saint-Germain, la modification accordée par une ordonnance royale au tarif qui avoit servi de base à l'adjudication de la railroute de Saint-Etienne, est qualifiée de *véritable monstruosité.* L'expression est sévère, sans être même juste en droit ; mais, en fait, il est certain que le tarif de Saint-

On voit qu'en Angleterre les principes et les règles sont fixes et invariables pour tout ce qui dépend des hommes, c'est-à-dire la forme des justifications ; mais sur les questions d'art, et celles qui ne dépendent que de la nature, rien n'est arrêté à l'avance ; toutes les concessions sont directes et perpétuelles ; le Gouvernement n'a aucune prétention fiscale ; l'administration ne voit jamais sa responsabilité compromise, ni sa probité suspectée, les engagements ne sont pris qu'après un mûr examen, on est toujours libre de les rompre : la déchéance n'entraîne aucune confiscation, et le gouvernement prévient la ruine des compagnies en leur prêtant, à l'occasion, ses fonds ou son crédit.

En France, au contraire, les règles et les principes n'ont de fixe que ce qui concerne les questions d'art, ou qui se rattache à la configuration du terrain ; et tout ce qui est soumis à l'action des hommes reste indéterminé.

Des vues fiscales et intéressées sont parvenues à dominer toutes ces questions.

Les concessions sont temporaires : l'État s'empare gratuitement des travaux au bout d'un certain temps ; l'administration intervient dans le choix comme dans l'exécution des projets ; la loi sanctionne des engagements pris sans examen suffisant ; la confiscation est un principe, et complète la ruine des compagnies qui éprouvent des embarras ou des revers.

Les compagnies sont dans une étroite dépendance de l'administration ; elles ne peuvent abandonner une entreprise même ruineuse ; enfin, la révision des conditions est difficile dans tous les cas, parce qu'elle n'est prévue dans aucun cas.

Deux systèmes aussi complétement opposés dans leur marche se trouvent jugés par leurs résultats mêmes, et les résultats ne diffèrent pas moins entre eux.

Etienne est trop bas, et qu'avec un prix plus élevé de très-peu de chose, la Compagnie pourrait donner à son service tout le développement que les besoins réclament, et faire des bénéfices convenables, en laissant encore au commerce une économie très-grande sur les frais de transport par les autres voies. Dût-on recourir à l'omnipotence de la loi, il n'en faudrait pas moins rectifier au plus tôt le fâcheux état de choses sous lequel la Compagnie se trouve, et dont le commerce souffre et se plaint de son côté.

N° 3.

CHAMBRE DES COMMUNES.

EXTRAIT

DU

RAPPORT DU COMITÉ SPÉCIAL SUR LES BILLS DE RAILROUTES.

(29 FÉVRIER 1836.)

Considérations générales.

. . . .

L'énorme capital national que l'on propose d'embarquer ainsi, et les grands sacrifices que seraient appelés à faire les divers propriétaires ou occupants dont la propriété serait atteinte par les projets présentés, font, de la décision que le parlement doit prendre définitivement sur ces différents bills, un objet de la plus haute importance nationale. Votre comité pense que le principal devoir de la Chambre est de prendre toutes ses précautions contre les désastreuses conséquences auxquelles il faudrait nécessairement s'attendre, si, après que la sanction de la législature aura été obtenue, et les travaux commencés, les calculs sur lesquels ils sont fondés venaient à être reconnus erronés, *ou si les capitaux souscrits n'étaient pas réalisés lorsque l'appel en sera fait.*

Pour prévenir ces maux, il paraît absolument nécessaire que la Chambre des communes, soit par elle-même, soit par ses comités, établisse sur les divers projets à elle présentés une enquête plus rigoureuse que celle qui a eu lieu jusqu'à présent; et que, si l'on doit éviter de décourager, faute d'une attention convenable de la part des comités, ou d'une instruction suffisante devant la Chambre, des tentatives qui, bien dirigées, ne peuvent manquer d'être profitables à la nation, il ne faut pas non plus laisser perdre de réputation ces sortes d'entreprises et dissiper le capital national sous l'empire de l'enthousiasme dont l'esprit public semble frappé dans ce moment.

C'est profondément pénétré de cette opinion que votre comité a entrepris la tâche à lui confiée par la Chambre, etc...

D'après ce rapport, on voit quelle importance la Chambre des communes attachait à l'achèvement des entreprises. Nous croyons avoir démontré à quelles conditions, en France, on peut se flatter de les voir commencer ou s'achever. (Voir les rapports des compagnies d'Orléans et des Plateaux.)

N° 4.

CHEMINS DE FER EN IRLANDE.

Le gouvernement britannique vient d'obtenir de la Chambre des communes un crédit de 77 millions de francs pour construire des chemins de fer en Irlande. Les motifs sur lesquels le cabinet a fondé sa demande méritent d'être remarqués.

« En principe général, a dit lord Morpeth, il faut abandonner
« ces sortes d'entreprises à l'industrie particulière ; mais quand
« il y a intérêt politique à créer des chemins de fer, et que cepen-
« dant l'industrie ne trouve pas des avantages suffisants à se
« charger de la spéculation, c'est au Gouvernement d'intervenir.
« Or, les railways projetés en Irlande n'offriront pas un intérêt
« de plus de 4 à 4 1/2 pour cent; ce n'est point assez pour ap-
« peler les capitalistes. »

Voilà certainement une critique fort juste des conditions auxquelles les concessions ont été consenties en France. Non-seulement le Gouvernement n'a pas voulu accorder aux actionnaires un minimum d'intérêt de 4 pour cent, mais il n'a pas permis aux compagnies de payer un intérêt quelconque avant l'achèvement des travaux. Lorsque les capitalistes d'Angleterre ne veulent pas se contenter de 4 1/2 pour cent, faut-il s'étonner si les actionnaires français hésitent à courir les chances d'entreprises semblables, où ils ne trouvent pas même la garantie d'un minimum de 4 pour cent dont ils se contenteraient, et qui aurait, pour tous les intérêts, de si grands avantages ?

N° 5.

EXTRAIT

du Discours prononcé le 14 avril 1839

PAR M. LE BARON CHARLES DUPIN,

Au Conservatoire des Arts-et-Métiers.

Vous savez, Messieurs, quel enthousiasme a fait naître le spectacle de ces nouvelles voies de communication, sur lesquelles les voyageurs sont transportés avec une vitesse de huit, de dix, de douze lieues par heure.

Dès 1837, on espérait voir entreprendre les chemins de fer de Paris à la Belgique, et de Paris à la mer par le Hàvre. On concédait à des associations ces deux directions essentielles; on y trouvait un si grand intérêt public, qu'on leur accordait comme prime d'encouragement des sommes de douze et de vingt millions.

Mais déjà l'esprit d'association, si lent à se propager parmi nous, était corrompu dans son principe. Le génie de la perversité appliquait ses ressources inépuisables à créer, sous toutes les formes, des entreprises mensongères, où l'on exaltait sans mesure d'imaginaires bénéfices.

En présence du scandale et de l'effroi que fit naître ce spectacle inaccoutumé, le législateur crut prudent de suspendre son vote en faveur de projets qu'il ne croyait point très-mûris, et qui ne l'étaient nullement.

Aussitôt on change d'avis; ce n'est plus l'économie des particuliers qui devra subvenir aux nouvelles entreprises de chemins de fer. On n'aura plus recours à leur intelligence collective, à leur activité, à ce besoin de perfectionnements qu'excite sans relâche la concurrence des industries privées. Non; tout sera fait par l'autorité publique, ou du moins toutes les grandes entreprises. On permettra seulement aux associations les embranchements, et comme qui dirait les chemins de traverse. La nouvelle voie publique rentrera sous le despotisme du monopole.

Ce nouveau système, si soudain, si tranché, si dédaigneux pour le génie national, tomba devant la volonté courageuse d'un des pouvoirs législatifs.

Alors il fallut revenir aux ressources de l'esprit d'association qu'on avait taxé d'incapable.

Il en résulta deux grandes entreprises dont les directeurs s'engagèrent, sur la foi des devis qu'on leur fournissait d'office et d'autorité, à faire avec 120 millions les chemins en fer de Paris à Orléans et de Paris à la mer.

Mais quelle différence entre les conditions de 1837 et celles de 1838.

En 1837, on prodiguait aux compagnies les millions; en 1838, on leur prodigue les rigueurs. Non-seulement elles ne recevront aucun secours du trésor; mais elles seront à la discrétion de ce trésor; elles transporteront gratis la correspondance publique, lettres, courriers et malles-postes; et elles transporteront à moitié prix toutes les troupes, infanterie, cavalerie, artillerie, que l'on voudra faire aller et venir; elles transporteront encore à moitié prix le matériel militaire et le matériel naval qu'on voudra faire circuler sur les voies nouvelles.

En même temps, on leur impose de très-bas prix qu'elles ne pourront jamais dépasser. Il ne sera pas possible de satisfaire l'aisance et la richesse en ajoutant aux convois, ayant des places à 6 sous par lieue, des voitures plus élégantes, plus spacieuses et plus commodément établies, dût-on payer 12 et 15 sous, et plus cher, s'il convient à l'opulence de faire un si léger sacrifice.

Supposez qu'on impose aux directeurs de spectacle de n'avoir d'autres prix que ceux du parterre et du paradis, sous prétexte que ces prix conviennent aux personnes les moins aisées; alors les personnes des classes opulentes, les femmes surtout, n'y voudraient jamais aller, et les directeurs se ruineraient aux joyeux applaudissements des niveleurs ennemis de toute richesse.

Ce n'est pas tout. Dans la crainte que les associations des grands chemins de fer, enchaînées de la sorte au poteau de misère, loin de se ruiner, fassent une ombre de fortune, on fixe le maximum tolérable de leurs bénéfices extrêmes à 10 pour cent, c'est-à-dire au taux ordinaire de toutes les entreprises industrielles considérées simplement comme passables.

Si, par impossible, un semblable taux est dépassé, l'on réduira d'autorité le maximum déjà si bas des transports et des places des voyageurs sur les chemins de fer.

Messieurs, aux États-Unis, pays classique du nivellement, non des fortunes, mais des hommes, le législateur permet 15 pour cent de bénéfices aux créateurs des chemins de fer. Lorsque ceux-ci réussissent, il s'en applaudit, et leur laisse la jouissance illimitée de la création qui leur est due.

Au contraire, chez nous, pour couronner l'œuvre, ces gigantesques entreprises formées à si grands frais, malgré tant de charges et d'entraves, au bout de soixante-dix ans, elles seront perdues pour les familles de leurs créateurs, et possédées par l'État.

A peine ces conditions à portée profonde eurent-elles été mises en lumière, l'inquiétude s'empara de l'esprit public; la défiance arrêta toute spéculation de bénéfices présumés; et soudain le jeu contraire, dépassant la juste borne, s'établit en perte sur les actions des chemins de fer.

Sans s'alarmer sur-le-champ d'une si brusque métamorphose de l'opinion publique, les deux grandes associations procédèrent à la vérification des devis et tracés.

Elles prétendent qu'une vérification approfondie, faite après coup sur le terrain, démontre que les calculs officiels sont de

95 à 100 pour cent au-dessous des dépenses réelles calculées plus à loisir, sur des bases constatées par l'expérience ; peut-être ne sont-ils trop bas que de 80, peut-être de moins encore.

C'est un progrès ; car les devis estimatifs des canaux, préparés il y a dix-huit ans, se sont trouvés d'à peu près *deux cent pour cent* au-dessous des dépenses effectives.

Quoi qu'il en soit de ce progrès un peu trop lent, un peu trop faible, si les compagnies ne sont pas aveugles, l'erreur immense qu'elles imputent aux estimations détruit les calculs primitifs établis sur la proportion des revenus et des capitaux.

Une des deux associations continue son œuvre avec un noble courage, malgré ces effrayants mécomptes ; elle est à juste titre persuadée que l'équité nationale fera réformer des conditions où l'erreur serait partie du pouvoir qui les a dictées.

L'autre, la plus puissante et la plus gravement engagée, s'est arrêtée de prime-abord ; avant de rien entreprendre, elle veut qu'on introduise la vérité dans les bases de ses engagements.

Il est résulté de ces énormes mécomptes que les grandes entreprises de hauts-fourneaux et d'usines pour la production et la mise en œuvre de la fonte et du fer n'ont pas obtenu les commandes qu'elles espéraient, et qui les avaient fait s'agrandir et se multiplier. C'est une souffrance ressentie dans beaucoup de départements.

Pour la seule année 1839, si les deux associations que je viens de signaler étaient dans tout le dévéloppement de leur activité, elles dépenseraient 50 millions, dont la majeure partie en frais de main-d'œuvre ; elles donneraient, en ce moment, sous diverses formes, du travail à cinquante mille ouvriers.

Il y a déjà vingt années qu'au retour de mes premiers voyages dans la Grande-Bretagne, je me suis efforcé de montrer les admirables résultats produits dans cette contrée par l'esprit d'association, qui n'est pas seulement précieux à raison des travaux publics innombrables dont il a couvert et fécondé e sol de cette île fortunée. L'esprit d'association doit être avant tout considéré comme un des plus puissants moteurs de la vilisation ; il rapproche les hommes, il concilie leurs intérêts ; il leur donne le besoin de réunir leurs efforts pour atteindre un but commun ; il favorise éminemment les capacités individuelles, par la nécessité qu'a toute association d'être confiée au savoir, aux talents des hommes qui seuls peuvent la rendre prospère : il établit parmi les entreprises rivales une émulation infatigable qui, sans cesse, excite le besoin des perfectionnements, d'où résulte un essor incalculable dans toutes les industries auxquelles s'adresse l'esprit d'association ; enfin cet esprit tend à donner aux mœurs publiques la direction et les vertus indispensables sous un gouvernement représentatif ; il apprend à marcher avec ensemble vers les grands intérêts publics ; il agglomère, il incorpore, en quelque sorte, les éléments épars d'une société long-temps opprimée par le despotisme et divisée par l'anarchie ; pour tout dire, en un mot, ce généreux esprit inspire à la fois le besoin de l'harmonie, le sentiment de l'ordre et l'amour de la liberté.

En France, à force d'arracher des âmes les racines fécondes de l'esprit d'association, voyez! on ne sait plus s'il se peut trouver huit hommes définitifs qui, professant les uns pour les autres une foi complète, se hasardent de concert sur le même navire, pour tendre vers un même but, le salut de la patrie. Voilà ce que c'est, passez-moi mon langage industriel, que de briser, de concasser la société ; d'en granuler, d'en tamiser les éléments pour parvenir à l'égoïsme individuel, vraie monade antisociale, sans réfléchir que tel est, au moral comme au physique, le procédé qui sert à préparer la poudre de guerre.....

Voilà pourquoi, tant qu'un souffle de vie fera battre mon cœur, je défendrai, par amour de mon pays, la noble cause de l'esprit d'association, sans me laisser imposer par des sophismes de corporation, d'administration et de bureaucratie, ni par des besoins honteux de patronage, d'influence ou de corruption.

Si, comme je l'espère, l'énergie collective des citoyens éclairés fait enfin triompher cette noble cause, je croirai pouvoir me rendre le témoignage de ne l'avoir jamais abandonnée, et de n'avoir pas été complètement inutile à son succès.

Nº 6.

EXTRAIT

DU RAPPORT DE M. LE COMTE DARU

A LA CHAMBRE DES PAIRS.

(Loi de concession du chemin de Paris à Orléans.)

...L'industrie privée est appelée, par le projet de loi soumis aux délibérations de la Chambre, à entrer dans cette immense carrière d'expériences et d'essais. L'État lui confie le soin d'exécuter une de nos grandes lignes de chemin de fer. De toutes les questions d'économie politique agitées dans ces derniers temps, il n'en est pas qui ait attiré plus vivement l'attention du pays, pas de plus controversée que celle de savoir si la création de ces nouveaux moyens de transport doit être livrée aux déterminations libres et spontanées de l'intérêt privé, ou réservée à l'action du Gouvernement. Nous ne voulons pas, Messieurs, examiner accidentellement, à la fin d'une longue session, et à l'occasion d'un chemin de fer particulier, quelle peut être la meilleure solution de ce grand et difficile problème. Nous nous contenterons de faire, à cet égard, toute réserve pour l'avenir, la Chambre n'ayant pas eu l'occasion jusqu'ici de se prononcer d'une manière formelle sur le principe même de la loi.

Mais si l'on a recours à l'industrie privée, il faut savoir subir les conditions que ce système impose. Vouloir cumuler à la fois les avantages que l'on peut attendre de l'exécution par l'État, l'abaissement des tarifs, et en même temps ceux que l'on se promet de l'exécution par les compagnies, l'économie des deniers du trésor, c'est une double prétention impossible à satisfaire. Il ne faut pas chercher à concilier les choses qui sont, de leur nature, inconciliables. Chacun des deux systèmes a ses inconvénients entre lesquels on doit opter. Après s'être prononcé en faveur de l'industrie, après avoir fait un appel à son concours, comment pourrait-on, sans une haute inconséquence, venir la traiter en ennemie. Si, par des clauses onéreuses, par des limites trop restreintes, par des conditions trop dures, par suite de difficultés administratives, les grandes entreprises chargées de l'exécution des premières lignes de chemins de fer succombent, quelle en sera la conséquence? C'est que les capitaux, déjà rendus défiants par l'expérience du passé, se retireront tout-à-fait des affaires industrielles ; car autant l'argent est prompt à se porter là où des chances heureuses l'appellent, autant il devient inerte, rare, pesant, quand les bénéfices ne se montrent plus : alors la circulation s'arrête, le crédit public est affecté, et au lieu d'imprimer un mouvement utile et fructueux à la prospérité du pays, on peut la paralyser dans son cours. *L'intérêt des compagnies est donc étroitement lié à l'intérêt de l'État.* Craindre qu'elles ne fassent de légitimes bénéfices, ce serait à nos yeux un sentiment d'envie bien peu digne de la législature. S'il parvenait à prédominer, c'en serait fait de l'esprit d'association en France, peut-être pour long-temps.

N° 7.

COMPAGNIE DU CHEMIN DE FER

DE PARIS A LA MER.

EXPOSÉ SOUMIS AU GOUVERNEMENT.

A Monsieur le Ministre du Commerce
et des Travaux Publics.

MONSIEUR LE MINISTRE,

Lorsque nous nous sommes présentés au Gouvernement et aux Chambres pour obtenir la concession du *chemin de fer de Paris à Rouen, au Hâvre et à Dieppe*, notre demande était fondée sur deux suppositions que nous avons dû considérer alors comme deux certitudes, savoir :

La suffisance du capital de 90 millions de francs pour exécuter le chemin dans toutes ses parties ; la réalisation de ce capital.

L'incertitude des revenus seule restait livrée aux éventualités : c'était là l'élément de la spéculation.

Aujourd'hui, nous avons malheureusement acquis la conviction :

De l'insuffisance de notre capital (voir le Tableau ci-joint N° 7, et l'explication préliminaire, page 15);

De l'impossibilité de le réaliser.

Cette double impossibilité nous impose, envers nos actionnaires, envers le Gouvernement lui-même, un devoir que nous venons remplir, quoi qu'il puisse nous en coûter. Nos convenances personnelles ont dû céder à la nécessité.

Vis-à-vis de nos commettants, nous ne pouvions consommer le capital qu'ils ont confié à notre loyauté, alors que nous avions la certitude de ne pouvoir accomplir notre engagement, et de rencontrer, au bout de nos efforts et de nos sacrifices, l'inévitable clause de déchéance.

Vis-à-vis du Gouvernement, nous lui devons la vérité; il aurait eu le droit de nous reprocher de l'avoir entretenu sciemment dans des illusions trompeuses, et, en aggravant le mal, d'avoir rendu le remède plus difficile.

Les sentiments qui nous animaient lors de la concession, et la résolution de nous dévouer à cette grande et si utile entreprise, ne se sont pas affaiblis. Nous ne demandons que d'être placés dans les conditions du possible.

Vous avez bien voulu, Monsieur le Ministre, en vous initiant avec justice et bienveillance dans les nécessités de notre situation, nous demander de vous soumettre les remèdes qu'on peut y appliquer.

Les voici. Ils doivent satisfaire à deux conditions :

1° Être efficaces, c'est-à-dire ramener l'entreprise aux proportions du capital souscrit. Rendre la réalisation de ce capital possible. Il faut éviter avant tout de nouvelles illusions; un second avortement serait irréparable.

2° En même temps, laisser à l'industrie privée un intérêt à bien faire.

Nous croyons trouver la solution de ce problème dans les propositions suivantes :

1° Fractionner la concession en trois parties : premièrement, de Paris à Rouen par Blainville; deuxièmement, de Rouen au Hâvre; troisièmement, de Blainville à Dieppe et les embranchements sur **Elbeuf, Louviers** et **Saint-Sever**. Substituer l'exécution successive à l'exécution simultanée ; appliquer d'abord le capital soumissionné à la première partie ; relever la Compagnie de la clause de la déchéance, au cas où, après avoir fait cette première partie du chemin, les fonds lui manqueraient pour exécuter les autres parties. Si le capital souscrit ou versé n'était pas suffisant, la Compagnie serait autorisée à émettre des actions au pair, afin de compléter la somme nécessaire pour achever toutes les parties, et ce ne serait qu'au cas où cette émission n'aurait pu s'effectuer que la Compagnie serait dispensée d'exécuter les parties pour lesquelles l'insuffisance du capital social aurait été démontrée.

Laisser au Gouvernement la faculté, s'il le juge convenable, de prendre à l'égard de ces parties du chemin, soit après la confection du chemin de **Paris à Rouen**, soit même dès à présent, ou à toute autre époque, telle mesure qu'il croira devoir prendre pour en assurer ou hâter l'exécution.

2° Permettre à la Compagnie, par dérogation à ses statuts, de payer à chaque porteur d'action un intérêt de 4 pour cent sur les versements effectués pendant la durée des travaux.

3° Après l'achèvement des travaux de la première partie du chemin soumissionné, si le revenu de ce chemin était insuffisant pour assurer un intérêt de 3 pour cent du capital dépensé, plus 1 pour cent exclusivement consacré, pendant quarante-six ans, à amortir le capital et à éteindre par suite l'obligation de garantie de l'État, le Gouvernement compléterait la différence.

Cette garantie ne pourra être étendue à un capital supérieur au capital de la soumission, qui est de 90 millions de francs. Il sera pourvu par ordonnance aux mesures à prendre pour assurer la surveillance et le contrôle du Gouvernement sur les dépenses de la Compagnie.

4° Diverses modifications seront en outre apportées au cahier des charges (voir le Sommaire n° 9).

5° La Compagnie sera autorisée à prendre possession des immeubles soummis à la dépossession après l'accomplissement des formes préalables et le dépôt sans frais, dans une caisse publique, de la somme à laquelle le propriétaire aura porté le prix de sa propriété....

§ III.

Obligation par le Gouvernement de compléter, en cas d'insuffisance des revenus, un intérêt de 3 pour cent, plus 1 pour cent d'amortissement.

Cette disposition est fondamentale dans nos propositions.

Dans l'état des choses, sous l'influence de cette réaction de découragement qui ne s'est arrêtée que devant la réserve que nous avons dû apporter dans nos dépenses; en présence de cette prévention publique sur l'inexactitude des évaluations sur lesquelles est fondée notre soumission, prévention qui va jusqu'à douter que notre capital, même doublé, soit suffisant à la confection du chemin; prévention qui peut être exagérée, mais qui, cependant, s'appuie sur des expériences réalisées sous nos yeux; nous le disons avec une profonde conviction, il nous est impossible de ramener la confiance. Nous y engloutirions la fortune de chacun de nous et de nos commettants que nous n'y réussirions pas. Ce discrédit n'a pas seulement influé sur la valeur des actions, ce qui est plus important, il a influé sur les versements : un grand nombre de nos actionnaires sont en retard. Pouvions-nous user des moyens extrêmes que l'article 13 de nos statuts laisse à notre libre arbitre, et faire vendre les actions sur la place? Non, car nous aurions ajouté au discrédit de ces valeurs.

Nous ne pouvons fixer la limite à laquelle se serait arrêtée leur dépréciation. Il n'y pas de *minimum* pour la baisse d'une valeur qui n'offre rien de certain et qui est toute conjecturale.

Il ne faut pas oublier que nous ne pouvons exercer une action personnelle contre nos souscripteurs primitifs que jusqu'à concurrence du quart de la soumission, et qu'au-delà il ne nous reste plus de garantie que dans le titre de l'action, qui, nous le répétons, dans l'état des choses, n'a aucune valeur assurée.

Certes, si cette baisse de nos actions au-dessous du pair n'a vait dû avoir pour résultat que de tromper les espérances de quelques spéculateurs, que de leur infliger des pertes à la place de primes qu'ils se proposaient d'obtenir, nous aurions poursuivi nos travaux sans nous en préoccuper; mais elle compromet la réalisation de notre capital et la rend impossible : c'est là ce qui nous force à y chercher un remède. Ce remède consiste à assurer aux actions un prix qui puisse permettre d'obtenir des versements volontaires, ou, en cas de refus, de réaliser par la vente des titres une somme effective dont le *minimum* ne puisse descendre au-dessous d'un chiffre déterminé. L'entreprise reposera alors sur un capital réel et non fictif.

Nous ne demandons ni subvention ni prêt, parce que nous n'avons pas à former notre capital, mais seulement à en assurer la réalisation. Notre capital est soumissionné. Il est représenté par des titres réguliers. Seulement, dans l'état de la place, nous ne pouvons faire vendre ces titres sans leur faire subir une dépréciation telle qu'elle ruinerait les porteurs sans assurer pour cela la réalisation du capital.

Ce que nous demandons enfin, c'est une garantie qui assure à l'action un *minimun* au-dessous duquel elle ne puisse descendre.

Nos actions ne seront pas par ce moyen *de plano* portées au pair, puisque le 3 pour cent sur l'État, en temps prospère, ne s'élève qu'à 80 fr., et qu'à ce taux, nous perdrions 25 pour cent sur notre capital.

Mais il faut bien laisser quelque chose à faire à l'industrie des compagnies. L'État ne peut pas se proposer de les délivrer de toutes éventualités. S'il les désintéressait complètement de toute économie, de toute bonne administration, le principal but qu'on s'est proposé, en laissant ces grandes entreprises aux associations particulières, serait manqué.

C'est pourquoi nous avons restreint notre demande à cet intérêt de 3 pour cent. Au-dessous, la valeur de l'action au pair serait trop incertaine, et laisserait douteuse la réalisation du capital; au-dessus, cette valeur serait trop assurée et désintéresserait trop la Compagnie d'une bonne administration.

Il ne nous appartient pas de porter nos regards en dehors de notre entreprise, ni de généraliser nos propositions. Toutefois, entre le système de l'exécution des grands travaux publics par l'État et celui de l'exécution de ces travaux par les associations privées livrées à leurs propres forces, une conciliation est peut-être nécessaire. Nous n'en voyons pas de plus convenable que celle que nous proposons.

Appliquée aux entreprises que l'État s'était réservées, comme réalisant une grande pensée de bien public, elle facilitera leur exécution par la force de l'association privée, conformément au vœu des Chambres, sans qu'il en coûte au Gouvernement autre chose qu'un appui moral. Ce sera au Gouvernement et aux Chambres à n'autoriser que les entreprises qui offriront des chances assez raisonnables pour ne pas compromettre la garantie de l'État. Les projets seront plus sérieusement examinés, et ce ne sera pas un mal.....

En résumé,

Deux partis se présentent :

Le Gouvernement et les Chambres peuvent nous laisser aux prises avec les impossibilités qui nous arrêtent. Ils peuvent même vouloir, en abusant du texte de notre soumission, confisquer notre cautionnement, faire expier à la masse de nos actionnaires la confiance excessive que nous avons placée dans les évaluations des Ponts-et-Chaussées, dans les assurances solennelles de l'administration. Ils peuvent nous obliger à une liquidation avec perte, et, par cette exécution aussi injuste que rigoureuse, faire avorter une entreprise éminemment utile, et frapper l'esprit d'association d'un découragement peut-être irrémédiable ;

Ou, au contraire, le Gouvernement reconnaîtra loyalement que tout le monde, administration, Compagnie, Chambres, s'est trompé ; que la responsabilité d'une telle erreur ne peut ni ne doit peser sur personne ; qu'il faut, au contraire, que nous concourions tous à la réparer, éclairés que nous sommes aujourd'hui par l'expérience : dans cette pensée, une garantie qui, selon toutes les probabilités, n'est que nominale, quelques modifications à notre cahier des charges, dont l'intérêt public n'a rien à souffrir, et un fractionnement devenu nécessaire, suffiront pour assurer la réalisation d'un des travaux les plus grandioses de l'époque actuelle et des plus utiles au pays. Le Gouvernement le peut sans débourser, quant à présent, un seul centime, avec toute probabilité de ne rien dépenser dans l'avenir, et même avec certitude que, s'il avait à solder partie ou même la totalité des sommes nécessaires pour assurer l'intérêt des actions à 3 p. cent et l'amortissement, il en sera indemnisé, et bien au-delà, par les impôts directs et indirects, par la gratuité des services publics et par tous les autres avantages de toute nature qu'il en recueillera.

Entre ces deux partis, l'administration et les Chambres n'hésiteront pas, nous en avons l'espoir. Ce n'est pas seulement au Gouvernement comme protecteur de l'industrie, comme intéressé à ce que les entreprises même qui se proposent un but privé réussissent; mais c'est au Gouvernement, appelé à hériter, sans bourse délier, de nos travaux; c'est au Gouvernement qui, indépendamment de cette perspective, recueillera les bénéfices les plus nets de l'entreprise, sans courir aucune chance; c'est enfin au Gouvernement, notre co-propriétaire, notre associé en quelque sorte, que nous demandons assistance. L'appui qu'il nous donnera, c'est à lui-même qu'il le donne, car il en profitera plus sûrement que nous-mêmes.

Paris le 3 janvier, 1839.

Pour la Compagnie du chemin de Paris à la mer,

Signé **LEBOBE**,
Directeur Général par intérim.

Extrait du mémoire présenté au Gouvernement par la Compagnie du Chemin de Fer de Paris à Orléans.

Monsieur le Ministre,

C'est avec une entière confiance dans la justice du Gouvernement et des Chambres que la Compagnie du chemin de fer de Paris à Orléans vient vous exposer les circonstances très-graves dans lesquelles elle se trouve placée, et qui se sont développées depuis l'époque où elle a obtenu sa concession.

L'effet de ces circonstances est tel, que, malgré nos efforts, nous sommes dès à présent frappés d'impuissance, si les pouvoirs de l'État ne viennent à notre aide. Les entreprises des grandes lignes de chemin de fer sont liées d'une manière trop intime à la prospérité du pays, pour que le Gouvernement puisse rester indifférent à leur avenir, et, en renonçant à les exécuter lui-même, il n'a pas renoncé, sans doute, à intervenir dans de certaines limites pour les faire réussir.

S'il ne s'agissait que de l'intérêt particulier de quelques actionnaires, le Gouvernement ne refuserait pas d'examiner, sous un point de vue d'équité, les réclamations que les compagnies pourraient avoir à lui adresser; mais il s'agit d'un intérêt plus grand, plus général, d'un intérêt qui se rattache au progrès de l'esprit d'association et au bien-être public, et qui est digne, Monsieur le Ministre, de toute votre sollicitude.

Avant de vous signaler le mal et les causes qui l'ont produit, avant de vous en indiquer le remède, qu'il nous soit permis de jeter un regard sur le passé.

Dans le cours de la session de 1837, différents projets de loi furent présentés aux Chambres pour encourager le développement des travaux publics à l'aide de l'industrie privée. Ces projets consacraient formellement le principe de l'intervention de l'État, et l'on n'hésitait alors que sur le choix des moyens à employer pour rendre son concours plus efficace.

Pour certaines lignes (canal latéral à la Garonne, chemin de fer de Lyon à Marseille), on proposait la garantie d'un minimum d'intérêt ; pour d'autres (chemin de la Belgique, chemin de Paris à la mer, chemin de Paris à Orléans), on préférait l'allocation d'une somme une fois donnée à titre de subvention ; pour d'autres, enfin (chemin d'Andrezieux à Roanne, chemin de fer d'Alais à Beaucaire), on adoptait le système des prêts à intérêt.

Mais, dans l'intervalle des deux sessions, l'engouement du public pour toutes les affaires industrielles, et particulièrement pour les entreprises de chemins de fer, changea le cours des idées et fit perdre de vue le véritable état des choses. Les plus habiles y furent trompés ; on prit pour le développement spontané de l'esprit d'association ce qui, en réalité, n'était qu'un effet des spéculations de la Bourse ; les actions étaient à la hausse ; les entreprises, même les plus chimériques, avaient cours sur la place ; l'abondance des demandes fut regardée comme un signe de l'abondance des capitaux. L'opinion fut égarée, éblouie ; on crut que l'argent ne pouvait manquer à l'exécution des grandes lignes de chemins de fer, et que l'intervention du Gouvernement, sous une forme ou sous une autre, était désormais inutile.

De cette erreur, et peut-être aussi de la précipitation qui a malheureusement présidé à l'examen et à la discussion des cahiers des charges, est résulté ce fait capital auquel il faut attribuer, selon nous, les embarras du moment.

Entraîné par l'opinion, trompé lui-même par la hausse des actions de toute espèce, et abandonnant ses premiers projets, le Gouvernement introduisit, dans ses cahiers des charges, des clauses dont la rigueur n'est plus aujourd'hui contestable.

Les Chambres, délibérant sous l'empire des mêmes impressions, se montrèrent plus sévères encore, et les Compagnies, nous ne craignons pas de l'avouer, subissant elles-mêmes l'influence de l'erreur générale, eurent le tort d'accepter des charges dont elles n'avaient pas eu le temps de mesurer toute la portée.

Quelques mois ont suffi pour dissiper toutes ces illusions.

Le public, averti déjà par la discussion des Chambres, éclairé par des mécomptes récents, examinant de sang-froid les dispositions de la loi, s'est effrayé des conditions rigoureuses imposées aux compagnies, et la confiance, base fondamentale de toutes leurs combinaisons, sans laquelle l'exécution des grands travaux publics par l'industrie privée est impossible dans tous les pays du monde, la confiance leur a manqué ; elle déserte aujourd'hui des entreprises dont le succès paraît compromis par des difficultés insurmontables.

Assurément, Monsieur le Ministre, il n'est venu à la pensée de personne que le chemin de fer de Paris à Orléans dût s'établir avec les seuls capitaux des maisons associées au concessionnaire.

Engagées seulement, vous le savez, jusqu'à concurrence de 25 pour cent du capital social, ces maisons ont fidèlement accompli leurs obligations ; il n'y a plus aujourd'hui que des actionnaires et des administrateurs chargés de soutenir leurs intérêts. C'est à ce dernier titre que nous vous avons fait connaître les embarras des compagnies, et que nous venons vous soumettre les moyens de les faire cesser.

Nos demandes constituent, à vrai dire, un système nouveau : mais, si elles sont accueillies, nous avons l'intime conviction que notre œuvre s'accomplira de manière à justifier tout ce qu'on a le droit d'attendre de l'industrie privée, et de manière aussi à doter promptement le pays d'une ligne de communication dont les avantages ne sauraient manquer de réagir puissamment sur la prospérité générale.

Nous allons énumérer ces demandes ; nous les reprendrons ensuite en détail pour les discuter successivement.

1° Garantie d'un minimum d'intérêt de 3 pour cent et d'un amortissement de 1 pour cent pendant quarante-six ans.

Autorisation de payer aux actionnaires, pendant la durée des travaux, 4 pour cent d'intérêt sur les fonds versés.

2° Élévation des pentes à cinq millimètres par mètre.

3° Suppression des embranchements de Pithiviers et d'Arpajon.

4° Élévation du maximum des tarifs pour le transport des voyageurs et des marchandises.

5° Suppression de la clause qui limite à 10 pour cent les bénéfices de la Compagnie.

6° Suppression de plusieurs articles de la convention additionnelle, et modifications diverses au cahier des charges.

7° A ces demandes, nous ajouterons quelques remarques sur les devis des dépenses dressés par le Gouvernement....

Telles sont nos demandes, Monsieur le Ministre. Libres de toute préoccupation personnelle, nous n'avons pas attendu pour commencer nos travaux que ces demandes fussent consenties ; nous avons pensé, en agissant ainsi, remplir un devoir envers le pays ; et, malgré les embarras qui nous menacent, nous poursuivons notre tâche, sûrs que le Gouvernement et les Chambres ne voudront pas nous rendre victimes d'une conduite que l'on pourrait taxer d'imprudence, si elle n'était justifiée par une entière confiance dans les lumières et les intentions des pouvoirs de l'État.

RÉSUMÉ.

Les compagnies des grandes lignes de chemins de fer ont été frappées de discrédit, au moment même de leur formation ; au moment où les concessionnaires s'empressaient de verser des fonds dans ces entreprises, de remplir scrupuleusement leurs engagements, et avant qu'il fût possible de leur reprocher aucune négligence, aucune méprise, aucune faute ; tel est le point essentiel, ou pour mieux dire, tel est le fait unique et incontestable sur lequel nous croyons devoir appeler toute l'attention du Gouvernement.

Quelle en a été l'origine, et quelles en doivent être les conséquences ?

L'origine de ce fait est dans le cahier des charges ; elle est dans les conditions qui ont été imposées aux compagnies.

Lorsque ces conditions ont été soumises à la sanction du

public, lorsqu'elles sont parvenues à la connaissance des capitalistes, lorsqu'il a fallu enfin les faire accepter par l'intérêt privé,
elles ont été repoussées comme exorbitantes.

Tous ceux qui avaient manifesté le désir d'entrer dans ces entreprises, et d'y prendre une part sérieuse et durable, ont été
effrayés lorsque, au calcul de leurs bénéfices probables, limités
d'avance par la loi, ils ont pu opposer le calcul des chances défa-
vorables et illimitées qu'ils avaient à courir. Cette défiance de
l'intérêt privé n'a rien qui doive étonner ; elle est de tous les
pays et de tous les temps ; et cependant nos prévisions ont été
méconnues lorsque, au moment de la discussion du cahier des
charges, nous avons essayé de les faire entendre ; parce qu'on
prenait alors pour une tendance irrésistible et durable des capitaux, le tourbillon passager qui semblait les entraîner vers les
spéculations de la Bourse.

A cette première cause de discrédit, déjà trop puissante, est
venue s'en ajouter une autre ; les devis estimatifs de la dépense,
dressés par le Gouvernement, ont excité une juste défiance ; on
n'a pas un instant révoqué en doute le mérite des ingénieurs de
l'État qui avaient été chargés de ces études ; mais ces ingénieurs
avaient été obligés de presser leurs travaux, de hâter leurs rapports, et par conséquent de hasarder des chiffres, ou du moins
des approximations incertaines. Les ingénieurs des compagnies,
en revoyant ces projets, ont touché de plus près à la réalité des
choses ; ils ne travaillaient pas pour un avenir lointain, mais
pour mettre incessamment la main à l'œuvre ; ils ne pouvaient
pas ajourner les difficultés ; il fallait les résoudre immédiatement
et calculer, au juste, combien devait en coûter la solution.

Le public n'a pu ignorer alors que les dépenses dépasseraient
de beaucoup les prévisions, et craignant, à tort ou à raison, que
les estimations des compagnies ne fussent elles-mêmes au-dessous de la vérité, il s'est habitué à regarder les entreprises de
chemins de fer comme des abîmes dont il n'était pas possible de
sonder la profondeur.

Telle est, Monsieur le Ministre, la double origine du discrédit
dont les chemins de fer ont été frappés.

Voici maintenant les conséquences que l'on doit en attendre : les chemins de fer se commencent, mais ils ne s'achèveront pas ; es compagnies essaient de se mettre à l'œuvre, et jusqu'au dernier moment, malgré toutes les traverses qu'elles éprouvent, elles resteront dans les limites du possible , scrupuleusement fidèles aux engagements qu'elles ont contractés ; mais déshéritées de la confiance publique à laquelle elles avaient des droits, en présence d'une loi qui les frappe d'impuissance, elles auront bientôt épuisé les quelques millions, produit des versemens effectués : alors les travaux devront être suspendus ; alors ces grands ouvrages, qui étaient à juste titre regardés comme les monuments industriels les plus beaux et les plus féconds de l'époque , ne seront, en réalité, que des ruines informes et stériles.

Ils devaient être la gloire de l'industrie française; ils en seront la honte. Les choses une fois arrivées à ce point, il faudra bien chercher une solution définitive. Il s'en présentera trois : l'emprunt, la vente ou l'abandon ; les deux premiers seront impossibles. Les compagnies, à défaut du versement des actions, chercheront à emprunter; elles n'y parviendront pas, parce que, après avoir dépensé 8 ou 10 millions, il leur en manquera 30 ou 40 pour le chemin d'Orléans, 80 ou 100 pour le chemin de la mer. Elles chercheront à vendre ; elles n'y parviendront pas davantage, parce que les acheteurs auront su apprécier les charges du contrat et la crise funeste qui en aura été la conséquence.

Les compagnies, après avoir consommé leur ruine, après s'être en vain débattues contre d'insurmontables obstacles, seront donc réduites à la nécessité d'abandonner à l'État et leur cautionnement et leurs travaux : triste héritage dont le Gouvernement n'aurait pas à se glorifier, et dont les ennemis du pays ne manqueront pas de s'applaudir. Ils diront que notre force et notre prospérité ne sont qu'une prospérité et une force illusoires ; que la France se vante en vain de son génie, de ses ressources et de ses œuvres ; qu'elle échoue dans la plupart de ses entreprises ; que l'esprit d'association, qui prend sa racine dans la confiance et dans la stabilité des gouvernements, n'est

chez nous qu'un germe sans vigueur, incapable de se développer ; que les sociétés les plus solides, les plus fortement con-
stituées, celles qui ont la sanction de la loi et qui ont pour but
un intérêt public, trouvent en France moins de partisans que les
sociétés extravagantes qui viennent chercher des dupes à la
Bourse. Ils oseront ajouter que le discrédit des Compagnies n'est
que le symptôme d'un discrédit qui remonte plus haut.

Tel est le langage que tiendront bientôt les ennemis du pays,
et tels sont, Monsieur le Ministre, les malheurs que nous avons
à redouter nous-mêmes, si nos entreprises ne peuvent sortir de
la voie funeste où elles se trouvent engagées.

Ces résultats ne sont certainement pas ceux que l'on espérait.
Nous dirons donc avec assurance que la loi a manqué son but ;
qu'elle a paralysé les compagnies ; qu'elle les a frappées de
mort, au lieu de leur donner, comme elle le devait, les éléments
de vie et de puissance imdispensables à leur prospérité.

Les discussions devant les Chambres ont prouvé que les pouvoirs de l'État, en constituant les compagnies de chemins de fer,
se proposaient un double but : d'une part, ils voulaient que de
grands travaux publics, éminemment profitables au pays,
fussent promptement exécutés ; d'une autre part, ils espéraient
imprimer à l'esprit d'association une direction plus forte et plus
sérieuse.

Comment ce double but a-t-il été atteint ? Vous ne l'ignorez
pas, Monsieur le Ministre ; les travaux à peine commencés ne
pourront s'achever, et l'esprit d'association reçoit le coup le plus
funeste.

Mais il est temps encore de prévenir d'aussi déplorables
résultats : notre intérêt et notre devoir nous imposaient la tâche
d'étudier le mal et d'y chercher un remède : nous venons de
remplir cette tâche : c'est à vous maintenant de prononcer.
Ministre des travaux publics, chargé spécialement de veiller aux
intérêts matériels du pays, il vous appartient plus qu'à tout autre
de défendre une œuvre à laquelle le souvenir de votre nom doit
rester à jamais attaché ; solidaire de nos succès comme de nos re-

vers, vous ne voudrez pas laisser périr une cause qui importe à l'honneur et à l'intérêt de la France.

Signé : le comte PILLET-WILL, président ; E. ANDRÉ, F. BARTHOLONY, le comte DARU, L. DUFOUR, J. HAGERMAN, F. MATHIEU, J. ODIER, et A. DE WARU.

Dans l'intérêt de la justice, il est essentiel de remarquer que les maisons fondatrices de l'entreprise, ne se sont engagées à garantir que 25 pour cent du capital social, lesquels ont été versés exactement : que, conséquemment, elles sont entièrement hors de cause et qu'il n'y a plus maintenant dans cette affaire que des actionnaires et les administrateurs qui les représentent.

C'est donc injustement que l'on ferait retomber sur les fondateurs les embarras qui sont signalés dans le mémoire. Il est bien vrai que le Conseil-d'État avait manifesté l'intention de rendre les fondateurs responsables de la réalisation de *la totalité* du capital, mais ils s'y sont refusés, et l'événement prouve combien l'invincible résistance qu'ils ont opposée, à une prétention aussi exorbitante, était fondée.

Note de l'auteur.

Nº 8.

EXEMPLE

De ce que peuvent des Travaux bien entendus.

Pour donner une idée de la productibilité de certaines grandes opérations possibles, des entreprises de canaux irrigateurs, par exemple, nous citerons les chiffres suivants d'une brochure de M. de Gasparin sur cet objet.

« A Orange, dit M. de Gasparin, la cinquantième partie du
« territoire est soumise à l'irrigation, et quelque petite que soit
« cette étendue, elle devient assez importante pour former un
« trait frappant de notre agriculture : des prairies, aussi belles
« que celles du Milanais, se coupent trois ou quatre fois dans
« l'année et s'afferment jusqu'à 850 fr. l'hectare. Un tiers en-
« viron de cette somme passe aux frais de la culture. Un pro-
« duit pareil représente de trois à dix fois le même revenu des
« sols identiquement semblables, soumis à la culture ordinaire;
« et quand on pense qu'un tel avantage s'obtient presque sans
« travaux, on doit convenir de la supériorité de ce genre
« d'exploitation.

« A Avignon, ce trait de notre agriculture méridionale se dé-
« veloppe sur une plus grande échelle. Un canal pris à la Du-
« rance, les eaux de la Sorgues et l'emploi journalier de ces
« moyens ont étendu l'irrigation sur un plus grand rayon ; l'eau
« triple encore ici la valeur des excellents terrains qui entourent
« la ville.

« A Vaison, à Malaucène, l'arrosage fait élever le prix des sols,
« naturellement inférieurs, à 12 et 14,000 fr. l'hectare.

« A Cavaillon, où l'on tire du terrain des produits si variés,
« où le melon et l'artichaut sont pour ainsi dire de la grande
« culture, où le blé brave sous l'irrigation les plus grandes sé-
« cheresses, l'eau de la Durance a, en certains lieux, décuplé la
« valeur du sol : des garrigues qui valaient à peine 500 fr. l'hec-
« tare, en valent 5,000 aujourd'hui.

« A Sorgues, une lande stérile qui affligeait l'œil des voya-
« geurs, arrosée de ces mêmes eaux, a centuplé de prix ; de
« riantes campagnes, dignes de la Lombardie, sont venues rem-
« placer le désert.

« C'est avec de faibles moyens toutefois que se développent
« ces richesses du sol ; ce n'est guère qu'à Cavaillon, sur les
« bords immédiats de la Durance, qu'elles ont acquis un dé-
« ploiement remarquable. Partout ailleurs, ce sont des tenta-
« tives ; c'est comme un exemple légué à nos générations. »
Que de travaux admirablement reproductifs, ne pourrait-on pas
faire dans toute la France, au moyen d'un bon système d'encouragement des travaux publics ! On peut en juger par ce qui
précède.

N° 9.

NÉCESSITÉ

DE

RÉGULARISER LE MOUVEMENT INDUSTRIEL.

Nous voyons avec la plus grande joie que les sociétés modernes tournent leur activité du côté de la paix, de l'industrie, du travail ; que nos querelles intestines et nos luttes politiques se calment et s'apaisent ; nous avons de tous nos efforts travaillé nous-même au développement de l'esprit nouveau, et nous avons annoncé et prêché son avénement dans des temps troublés et passionnés, où nos prévisions et nos arguments, que les faits confirment aujourd'hui, semblaient des signes non équivoques de folie. Fondés sur les théorèmes lumineux de la science sociale, découverte par le génie de Fourier, nous avons établi souvent qu'aux illusions politiques tendaient bientôt à se substituer les illusions industrielles. Tout ce qui se passe aujourd'hui en France, ce mouvement industriel désordonné, ces illusions en association, cette féodalité mercantile et financière qui marche à pas de géant ; tout cela est prévu et prédit de la manière la plus précise et la plus nette dans les ouvrages de Fourier, dès la date de 1808. — A défaut de la certitude scientifique *à priori* qu'inspirent à l'esprit les créations de ce puissant génie, ces étonnantes confirmations de l'expérience sociale ont bien de quoi, sans doute, faire préjuger favorablement les vues ultérieures d'un homme doué d'un regard si vaste, si sûr et si pénétrant. Or, éclairés par ce flambeau de l'avenir, nous savons qu'aux désordres industriels, aux fausses et menteuses associations, aux spéculations immorales ou déraisonnables dont notre époque est le théâtre, succéderont nécessairement (à moins de catastrophes révolutionnaires dont Dieu et l'intelligence des hommes nous préservent!) des époques heureuses et resplendissantes où le génie de la guerre, déjà haletant, sera anéanti; où le travail, la paix et l'abondance, régnant sur le globe, établiront la grande et sainte alliance des nations; où l'industrie régularisée ouvrira un champ immense à l'activité, à l'intelligence, à l'ambition, à la moralité de l'homme, et où, répandant sur tous les individus et tous les peuples ses richesses et ses bienfaits, elle développera universellement, au sein du bonheur général, les plus brillantes, les plus nobles, les plus religieuses facultés de notre espèce.

Nous ne sommes plus dans les périodes guerrières; nous ne sommes pas encore parvenus à ces époques que nous signalons, et où l'activité humaine s'emploiera tout entière à la création régularisée des moyens généraux de son bien-être et de son développement physique, moral et intellectuel. Nous sommes dans un temps de transition, et ce temps doit nécessairement présenter de grands caractères de désordre et de déraison, et une immoralité vraiment transcendante. Mais, malheur aux insensés qui imputeraient ces détestables caractères à l'esprit d'industrie et de travail qui se lève enfin sur le monde! Le mal n'est pas que nous ayons divorcé avec l'esprit guerrier, et que nous marchions vers l'esprit industriel; c'est un grand bien que cette direction nouvelle des nations modernes : mais le mal est que la vie sociale industrielle ne soit pas encore organisée et régularisée.

Ne vaut-il pas mieux *travailler*, diriger partout l'activité humaine vers de grandes et fécondes expéditions de haute industrie, enrichir la terre et la couvrir des produits glorieux de la force, de la science et de l'intelligence de l'homme; ne vaut-il pas mieux semer sur le globe, avec l'abondance et la paix, l'union, la liberté et le bonheur; ne vaut-il pas mieux créer, pro-

duire, enrichir, édifier, que de ravager le globe, que de boule-
verser les empires par les révolutions et les guerres, que
d'éterniser la misère qui dévore et abrutit les masses, d'armer
les populations les unes contre les autres, de promener partout
le fer et le feu, et d'ensanglanter à jamais de notre propre sang
cette terre qui est notre royaume? N'est-il donc pas insensé et
absurde, comme font certains apôtres d'un bon vieux temps
qui, fort heureusement, est passé, de crier et déblatérer contre
le génie de la paix, du travail et de l'industrie qui vient enfin
remplacer ici-bas le génie des révolutions, des guerres et des
tempêtes?

Mais, disons-le bien haut, autant il faut se réjouir de cette
transformation que subissent les idées et les choses, et applaudir à la direction que prend l'humanité, autant il convient
de signaler les dangers que nos premiers pas dans cette direction peuvent nous faire courir : plus il importe de constituer,
d'organiser, d'introniser l'industrie et le travail, plus il importe en même temps de prémunir l'esprit public contre des
enthousiasmes aveugles, contre des engouements [dangereux,
contre des fougues insensées. Le domaine de l'industrie, dans
lequel nous entrons, est encore livré à l'anarchie, à l'ignorance,
à l'immoralité, à l'égoïsme, à l'astuce des spéculations individuelles ; cette anarchie même est vantée, par des économistes
peu intelligents, sous le nom de liberté. Mais il est certain que,
toute société ayant besoin d'ordre, et la vie de la société se
transportant aujourd'hui dans le domaine de l'industrie, il
faudra bien que l'on finisse par régulariser, ordonner et gou-
verner cette industrie qui devient l'élément principal de la vie
sociale(1). Néanmoins, d'ici à ce que les nations aient accompl
cette tâche capitale, qui consiste dans la régularisation de leur
vie nouvelle, de grands désastres, dus précisément à l'absence
de cette nécessaire régularisation de l'activité industrielle, peu-

(1) Il est inutile sans doute de dire qu'en reproduisant ces belles pages
de M. Considérant sur l'importance du mouvement industriel qui nous
emporte, nous n'entendons nullement nous associer à ses préventions
contre les chemins de fer.

vent survenir à la suite des fausses opérations accréditées dans le public par l'ignorance ou l'immoralité.

Il serait donc du devoir du Gouvernement de faire étudier avec soin les grandes questions industrielles; et, sans entraver, en général, par des prohibitions, la liberté des spéculations et des entreprises, d'éclairer, par une publication officielle, l'esprit et le jugement du public. Il est tout-à-fait absurde de laisser cette tâche si importante à une cohue de journaux et de journalistes (parmi lesquels il est sans doute de très-honorables exceptions) qui sont souvent aussi ignorants et aussi faciles à tromper que le public lui-même; qui, souvent encore, sont payés et soldés par les banquiers et faiseurs d'affaires pour avoir telle ou telle opinion, et la donner à leurs lecteurs; qui, enfin, ne présentent aucune garantie réelle, solide et régulière de science et de conscience en matière industrielle.

Quand le Gouvernement le voudra, il aura à sa disposition les hommes les plus probes et les plus savants de France, et pourra composer, par leur réunion, sous les plus grandes garanties possibles, un phare de l'industrie dont la salutaire lumière est de la plus haute nécessité aujourd'hui, pour nous faire éviter les écueils et les naufrages de la transition dans laquelle nous sommes engagés.

En attendant que le Gouvernement ait compris que sa tâche est, tout au moins, d'éclairer et d'avertir la société ; en attendant qu'il se soit mis en mesure de le faire régulièrement et avec intelligence, c'est le devoir de toute voix qui croit avoir un danger social à signaler, de se faire entendre. — Nous avons obéi à ce devoir en produisant cette première attaque contre l'engouement dont le public vient de se prendre presque subitement pour une aveugle et déraisonnable exécution de routes en fer (1).

---

(1) Notre proposition de faire appuyer du crédit de l'État les grandes entreprises industrielles, conduit tout droit à la régularisation de ces mêmes opérations réclamée si chaleureusement par l'auteur. Nous avons eu du plaisir à reproduire les vues généreuses présentées en termes si éloquents.

L'intervention du Gouvernement dans l'industrie est la question la plus grave de celles qui aient été récemment jetées dans la discussion publique. L'inconséquence avec laquelle cette question est souvent traitée par la presse, la légèreté avec laquelle elle a été envisagée à la Chambre des Députés, sont des preuves que l'opinion est loin encore d'en comprendre et, à plus forte raison, de connaître les principes qui doivent décider les solutions dans cette matière. On ne se doute pas même qu'il puisse y avoir des principes rigoureux et véritablement scientifiques, des règles claires et précises déterminant quelle doit être cette intervention, sur quelles branches de l'industrie elle doit s'exercer spécialement et jusqu'où elle doit s'étendre.

Une autre question sur laquelle l'aveuglement public est peut-être plus complet encore, c'est la question de l'association. Il n'est bruit aujourd'hui que de l'association, de l'esprit d'association, des grandes et belles choses que le développement de cet esprit promet à la société. Et l'on ne sait pas encore distinguer, seulement par définition, la vraie association de la fausse association, l'association capable de donner les fruits les plus magnifiques, de l'association dont les fruits sont remplis de cendres amères !

La fausse association, c'est celle qui préside aux entreprises du jour ; c'est l'association qui ne tend à réunir que des capitaux, qui n'a le plus souvent pour mobile que le jeu et l'agiotage, qui amène après elle la dépravation, la corruption, les mœurs mercantiles, sordides et viles. Cette association ne pouvant, dans le cas le plus favorable, que concentrer la force des capitaux et la puissance des chefs industriels, et laissant, sous le poids de plus en plus lourd de leur exploitation, la masse des travailleurs, nous préparerait une dégoûtante décadence morale et des catastrophes révolutionnaires terribles. Le développement de cette sorte d'esprit d'association, c'est le développement du plus méprisable et du plus dangereux matérialisme social.

La vraie association, c'est celle qui a pour but, non pas d'appeler seulement des capitaux à partager des chances de gain, d'associer le capital, le travail et le talent, c'est-à-dire, les trois éléments de l'activité humaine, dans les œuvres de l'industrie; cette association, en intéressant maîtres, ouvriers, capitalistes, directeurs, chefs et soldats enfin, dans l'opération à laquelle tous concourent, offre le principe sur lequel le développement de l'industrie doit se fonder pour inaugurer un avenir de richesse, de liberté, de justice et d'harmonie dans le monde. Ce principe, en effet, donne le moyen de rallier les classes divergentes, de mettre d'accord l'intérêt individuel et l'intérêt général, de tourner les volontés particulières vers le bien de la société, bien qui profite à chacun et à tous; c'est le principe social par excellence (1).

(Extrait d'un ouvrage de MM. Victor, Considérant, intitulé *de l'Engouement des chemins de fer*, publié en 1838.)

(1) Nous nous associons complètement et de grand cœur à la définition de l'auteur sur la vraie et la fausse association; l'une peut faire autant de bien que l'autre peut faire de mal. Il importe donc de n'encourager que la vraie association et de rechercher les moyens les plus faciles de la reconnaître.

N° 10.

EXTRAIT

מכתב

LETTRE DE LONDRES RELATIVE AUX TARIFS ANGLAIS.

J'ai vu M. N...., l'un des directeurs du chemin de Londres à Birmingham ; il m'a confirmé ce que je vous ai écrit concernant la clause de *bill* du Manchester à Liverpool, d'après laquelle la Compagnie ne peut répartir au-delà de 10 pour cent de dividende, c'est-à-dire que cette clause existe toujours , mais on l'a éludée de la manière que je vous ai dite , et elle n'a été reproduite dans aucun autre *bill*. On a reconnu que cette condition est, ou illusoire comme dans le cas susdit , ou plutôt au détriment qu'en faveur du public dans le cas où l'on aurait fixé le montant du capital sans qu'il eût pu être dépassé, parce qu'alors la Compagnie n'aurait pas fait tous les changements et améliorations dont le public profite.

Quant aux maximum de tarifs accordés par le parlement aux divers chemins, il n'existe aucun ouvrage qui les indique, et pour les connaître, il faut recourir aux bills mêmes.

Voici, du reste, celui du London et Birmingham , et il paraît que les taux des autres railways sont tous à peu près de même que ceux-ci :

Tarif du péage pour le London et Birmingham railway.

(1 mille répond à 1609 mètres ; 5 milles à 8 kilomètres (chiffre rond).
1 penny par mille à 6 c. 57/100 par kilomètre.)

Pour péage seulement.

Fumier et engrais, chaux, pavés et matériaux
pour la réparation des routes,
 1 penny par tonne et par mille, soit.......... 6 1/2 c. p. kilom.
Charbon de terre, coke, charbon de bois, cendres,
pierres de taille, briques, sable, minerai, fonte non
manufacturée,
 1 1/2 penny par tonne et par mille........... 9 3/4
Sucre, grains, blés, bois de teinture, de menui-
serie, drogues, métaux, etc.,
 2 pence par tonne et par mille.............. 13
Cotons, et autres lainages, marchandises manu-
facturées et autres denrées, etc.,
 3 pence par tonne et par mille.............. 19 1/2
Pour chaque voyageur en voiture,
 2 pence par mille 13
Pour cheval, mule, âne, bête de trait ou de
somme, taureau, bœuf, vache en voiture,
 1 1/2 pence par mille et par tête.......... ... 9 3/4
Pour veau et cochon,
 1/2 penny par mille....................... 3 1/4
Pour mouton ou autre petit animal,
 1/4 penny par mille....................'........ 1 5/8
Pour voiture ne pesant pas au-delà d'une tonne
et devant être envoyée sur plate-forme,
 4 pence par mille........................ 26

Note essentielle.—La Compagnie peut fixer le prix
qu'elle juge convenable pour *le transport* des choses
et des animaux, à l'exception des voyageurs, dont le
prix le plus élevé est fixé à
 1 1/2 penny, pour *transport,*
 2   pour *péage,*
   —————
 3 1/2 penny, pour tout, soit .... 23 cent. péage et
 transport compris.

Vous remarquerez que le maximum du péage est 2 d. et pour

le transport 1 1/2 d. par voyageur, en tout 3 1/2 d., soit en kilomètres 23 c. par voyageur.

Le London et Birmingham se prévaut de toute la latitude accordée par la loi, car elle fait payer par les voitures de première classe de 4 places, appelées *mail carriages*, 3 2/6 pour toute la distance qui est de 112 1/4 milles, c'est-à-dire à raison de 3 1/2 d. par mille, et 30 sch. par les voitures de première classe de 6 places, ce qui revient à 3 1/4 d. par mille ; mais je dois vous faire observer que c'est la plus chère de toutes les routes de fer.

—Le grand junction (de Birmingham à Liverpool) fait payer :
Par la malle 24 s. (vingt-quatre shellings) ou 19 c. 1/4 par kilom.
» voiture de 1re classe   21 s. ou 16 c. 1/2   id.
»   id.   de 2e classe   14 s. ou 11 c.   id.

On a établi dernièrement un train de troisième classe à raison de 11 s. (la distance est de 97 1/2 milles) ou 8 c. 3/4 par kilomètre ; cette route a coûté beaucoup moins que celle de Londres à Birmingham.

Le Liverpool à Manchester fait payer de 4 s. 6 d. à 6 s. 6 d., selon les classes (distance 31 1/2 milles) ou 16 c. 1/2 et 18 1/4 par kilomètre.

Voici les tarifs de deux routes en train de construction, et dont partie seulement est ouverte au public.

London et Southampton railway.

STATIONS.	Milles.	1re classe	2e classe.	Ou par kilomètre :	
				1re classe	2e classe.
		sh. d.	sh. d.	c.	c.
Wandsworth.........	2 3/4	1 6	1 0	43	28 13/20
Wembledon.........	5 3/4	1 6	1 0	20 11/20	15 19/20
Kingston	10 1/4	2 6	1 6	19 1/5	11 1/2
Diston Marsh........	12 3/4	3 0	2 0	18 1/2	12 7/20
Walton.............	15 1/2	3 6	2 3	17 4/5	11 9/20
Weybridge	17 1/2	4 0	2 6	18	11 1/4
Wolking Comⁿ	22 3/4	5 0	3 6	17 1/4	12 1/10
Farnborough	31	7 6	5 0	19 1/20	12 7/10
Wenchfield et Hastley-Roev............	38	9 0	6 0	18 13/20	12 2/5

Great Western (de Londres à Paris).

STATIONS.	Milles.	1re classe.		2e classe.		Ou par kilomètre.			
						1re classe.		2e classe.	
		posting.	coach.	close.	open.	posting.	coach.		open.
						c.	c.	.c	c.
Ealing	8 1/2	2 6	2 6	1 0	0 9	33 4/5	33 4/5	14 1/5	10 7/10
Hanwell	7	5 0	2 0	1 6	1 0	33 3/4	22 9/20	16 5/1	11 1/4
West-Drayton	13	4 6	3 6	2 0	1 6	27 1/4	21 1/5	12 1/10	9 1/-0
Slough	18	5 6	4 6	3 0	2 6	24 1/20	19 7/10	13 3/20	7 3/10
Mr.denhead	22	6 6	5 6	4 0	3 6	25 1/4	17 7/10	14 5/10	12 1/2

Pour les marchandises, le London et Birmingham fait payer,
(pour marchandises excédant 56.)

De Londres à Birmingham et Coventry, 6 s. 6 d. par quintal
de 112 l.

De Londres à Liverpool ou Manchester, 12 s. par quintal de
112 l.

Quant au shelling de péage dont je vous ai parlé, pour le premier mille de Londres, il n'a été accordé qu'à la Compagnie de
Londres et Birmingham *seule*, cela en conséquence du coût
énorme d'une alonge qu'un deuxième bill du parlement lui a
permis de faire construire pour faire avancer la station davantage en ville. Mais il paraît que la Compagnie ne fait pas usage
de cette faculté, vu que la concurrence des autres voitures pour
les endroits peu distants de Londres est trop grande et l'oblige
à tenir les prix pour les premiers milles à bon marché.

Extrait d'une autre lettre d'un des directeurs du London et Birmingham railway.

.... Pour les tarifs, il me paraîtrait ridicule que vous ne puissiez pas les réduire, mais raisonnable que l'autorité fixât un maximum pour les marchandises ; ce maximum devrait être très-élevé, l'intérêt du public étant que la circulation des voyageurs ne soit pas gênée par les marchandises. Ici nous avons la sottise de faire payer les voyageurs beaucoup trop cher et d'établir un tarif trop bas pour les marchandises ; je crois que nous allons faire payer de Londres à Birmingham 35 à 40 s. par tonne, y compris chargement et déchargement (il y a de Londres à Birmingham 112 milles, soit 179 kilomètres, ce qui fait environ 24 3/4 à 28 1/4 c. par tonne et par kilom.). Or, un wagon chargé de 3 ou 3 1/2 tonnes pèse au moins autant qu'une voiture chargée de dix-huit voyageurs payant £ 27, tandis que le wagon paierait à 2 £ par tonne 6 à 7 £. Les voyageurs se chargent et déchargent eux-mêmes ; ils ne sont pas exposés à être volés ou avariés : cela doit compenser en partie le coût des voitures. Jusqu'à présent nous n'avons aucune preuve que les *frais de traction seuls ne reviennent pas à autant que votre tarif pour les marchandises.*

Je crois, pour les voyageurs, que les places à bas prix seront, en France comme en Angleterre, les plus recherchées, quoi que l'on fasse en fait de luxe pour les chères et d'incommodité pour les autres ; il résultera de là que les prix s'établiront avec une faible différence, moins de 50 pour cent sur le plus bas prix, au lieu de la différence actuelle qui est assez généralement de 50 pour cent.

Liverpool à Manchester a augmenté ses prix de 1 s. sur les deux classes, ce qui diminue la différence relative ; il est vrai que le grand junction a établi tout récemment un convoi incommode et lent à 11 s., les premières étant à 21 s., secondes 14 s., et je crois qu'il augmente les premières à 23 s. et les secondes à 16 s. (la distance pour le grand junction est 97 1/4 milles, soit 156 kilo-

mètres. 11 s. font 8 9/10 c. par kilomètre, 21 s. — 17 c. ; 14 s. —
11 1/3 c. ; 23 s. — 18 3/5 c. ; 16 s. — 13 c.) Je suis convaincu que
cela ne tiendra pas. Cherchez donc à remonter les secondes classes
plus que les premières dans le tarif. Il n'y a pas lieu à aller
à meilleur marché que vos diligences ; les mêmes prix vous assu-
reront tous les voyageurs.

Nota. Le maximum des frais de transport des marchandises, péage
compris, varie de 38 à 40 c. par tonne et par kilomètre :

Celui de Liverpool à Manchester est d'environ...... 36 c.
— de Leeds à Selly (20 milles)............... 35
— de Dublin à Kingston (5 milles)... 40
etc.

[illegible] ... l'Empereur ... [illegible]
dans les limites duquel chaque Compagnie ... [illegible]
[illegible] et aux conditions que ... [illegible]

TARIF.	PRIX MAXIMUM.			OBSERVATIONS.
Première partie.				
Voitures couvertes à [illegible]				
suspendues sur ressort.				
1re classe.	[illegible]	[illegible]	[illegible]	[illegible]
Voitures couvertes à [illegible]				
suspendues sur ressort.				
2e classe.	[illegible]	[illegible]	[illegible]	[illegible]
Voitures découvertes [illegible]				
sur ressort.				
3e classe.	[illegible]	[illegible]	[illegible]	[illegible]
Bœuf, vache, taureau, veau, cuir, [illegible]				
poils de bœuf.	[illegible]	[illegible]	[illegible]	[illegible]
Veau et porc.	[illegible]	[illegible]	[illegible]	[illegible]
Mouton, brebis, chèvre.				
Récolte par tonne et par kilomètre.	[illegible]	[illegible]	[illegible]	[illegible]
1re Classe. — Pierres de taille, [illegible]				
bœuf ouvré, cuivre, et [illegible]				
encres ou non, vinaigre, sel, [illegible]				
[illegible] huiles, [illegible]				
sel, bois de [illegible]				
les bois exotiques, [illegible]				
[illegible]				

dans les limites duquel chaque Compagnie pourrait se mouvoir comme elle l'entendrait, en se conformant aux clauses et conditions qui se rattachent au susdit Tarif.

TARIF.		PRIX MAXIMUM.			OBSERVATIONS.		
		Péage.	Trans-port.	Total.			
Voyageurs, non compris l'impôt dû au Trésor sur le prix des places......	*Par tête et par kilomètre.* Voitures couvertes et fermées à glaces, suspendues sur ressorts. 1re classe......................	0 10	0 04½	0 12½	soit par lieue 10 s.		Moyenne des trois classes de voyageurs: par lieue, 8 s.
	Voitures couvertes et fermées à glaces, suspendues sur ressorts. 2e classe....................	0 07	0 03	0 10	»	8	
	Voitures découvertes mais suspendues sur ressorts. 3e classe.....................	0 05	0 02½	0 07½	»	5	
Bestiaux....	Bœuf, vache, taureau, cheval, mulet, bête de trait......................	0 10	0 05	0 15	»	12	par tête.
	Veau et porc.....................	0 02½	0 01½	0 04	»	3 1,4	
	Mouton, brebis, chèvre...........						
Houille par tonne et par kilomètre.................		0 08	0 04½	0 12½	»	10	par tonne.
Marchandi-ses par tonne et par kilom.	1re Classe. — Fontes moulées, feret, plomb ouvré, cuivre et autres métaux ouvrés ou non, vinaigre, vins, boissons, spiritueux, huiles, cotons et autres lainages, bois de menuiserie, de teinture et autres bois exotiques, sucre, café, drogues, épiceries, denrées coloniales, objets manufacturés.................	0 17	0 08	0 25	»	20	Moyenne des trois classes de marchandises : 10 s. par lieue et par tonne.
	2e classe.—Blés, grains, farine, chaux et plâtre, minerais, coke, charbon de bois, bois à brûler (dit de corde), perches, chevrons, planches, madriers, bois de charpente, marbre en bloc, pierres de taille, bitume, fonte brute en barres ou en feuilles, plomb en saumons..............	0 13	0 07	0 20	»	16	
	3e classe.—Pierre à chaux et à plâtre, moellons, meulières, cailloux, sable, argile, tuiles, briques, ardoises, fumier et engrais, pavés et matériaux de toute espèce pour la construction et la réparation des routes......................	0 10	0 05	0 15	»	12	
Objets divers par tonne et par kilom...	Voitures sur plate-forme (poids de la voiture et de la plate-forme cumulés)....	0 17	0 08	0 25	»	20	
	Wagon, chariot ou autre voiture destinée au transport sur le chemin de fer, y passant à vide, et machine locomotive ne traînant pas de convoi..............	0 17	0 08	0 25	»	20	

Tout wagon, chariot ou voiture dont le chargement en voyageurs ou en marchandises ne comportera pas un péage au moins égal à celui qui serait perçu sur ces mêmes voitures à vide, sera considéré et taxé comme étant à vide.

Les machines locomotives seront considérées et taxées comme ne remorquant pas de convoi, lorsque le convoi remorqué, soit en voyageurs, soit en marchandises, ne comportera pas un péage ou moins égal à celui qui serait perçu sur une machine locomotive avec son tender, marchant sans rien traîner.

Nota. — Nous avons pris, pour base des maximum de tarif des voyageurs et des marchandises de première classe, le prix des transports les plus économiques par les voies ordinaires actuelles : ainsi,

En diligence, la moyenne des prix est plus de . . . . . 12 1/2 c. par kilomètre et par voyageur.

Et par le roulage ordinaire on paye généralement. . . 25 par kilomètre et par tonne.

De sorte que, par les chemins de fer, le maximum des prix les plus élevés serait l'équivalent des prix de transport les plus bas par les voies en usage actuellement.

La proportion, dans chaque classe, serait deux voyageurs pour une tonne de marchandise, sauf pour la houille, dont la tonne ne payerait que comme un seul voyageur.

[illegible]

... des voyageurs et des marchandises de première
[illegible] ordinaire actuelle [illegible] ainsi,
[illegible] par kilomètre et par voyageur,
[illegible] par kilomètre et par tonne [illegible]
[illegible] de l'exploitation [illegible] prix de revient [illegible]

[illegible]

Nᵒ 1.

Motifs à l'appui d'une révision des conditions de tarifs imposées aux compagnies concessionnaires des grandes lignes de Chemins de Fer, et projet d'un tarif maximum uniforme.

L'étrange idée d'un abaissement excessif des tarifs, naguère si prônée dans les Chambres par l'administration des Ponts-et-Chaussées, est appréciée aujourd'hui à sa juste valeur. Elle a dévoilé une pensée hostile à l'industrie privée, afin d'éloigner celle-ci de l'exécution des grands travaux publics. Maintenant que la Chambre s'est prononcée d'une manière aussi décisive dans le sens opposé, il est permis d'espérer qu'on se livrera enfin à l'examen de la question, indépendamment de toute considération étrangère, — et cet examen impartial nous conduira à des résultats diamétralement contraires à ceux auxquels, sous l'empire des préoccupations qu'avaient fait naître l'influence intéressée de l'administration, on était parvenu à la session dernière.

Et d'abord, pour faire bien comprendre l'esprit des modifications graves que nous demandons, il importe d'établir nettement quelques principes généraux, d'où découleront naturellement les applications que nous voulons en faire, dans un intérêt général incontestable: celui du développement des entreprises d'utilité publique en France.

Ces principes généraux, les voici:

1º Les tarifs doivent, autant que faire se peut, être les justes rémunérateurs des risques que courent les compagnies, en exposant leurs capitaux, et des peines qu'elles se donnent pour ouvrir au pays de nouvelles voies de communication.

2° Dans un pays comme la France, où de nombreuses communications gratuites existent déjà, il est évident que le public ne se servira des nouvelles voies qui lui seront offertes, qu'autant qu'il aura de bons motifs de leur accorder la préférence.

3° L'intérêt, bien entendu, des propriétaires des nouvelles voies sera toujours d'y attirer le plus de transports possibles.

4° L'économie des frais étant l'un des premiers éléments de succès, les propriétaires des nouvelles voies devront avoir constamment en vue la recherche de ce point juste du tarif où les *produits nets* sont le plus considérables. — Or, en raréfiant les transports à effectuer, l'élévation du tarif au-dessus de ce point dont nous parlions est une cause de diminution et non d'augmentation des produits.

Le meilleur tarif est donc celui qui attire le plus grand nombre possible de transports donnant des produits nets.

5° Dans l'ignorance complète où l'on est, au début d'une entreprise, pour fixer le montant des dépenses, la masse des transports à effectuer et l'influence que le tarif peut exercer sur ces transports, il est absurde de fixer à l'avance les conditions rigoureuses et définitives de ce tarif.

6° Un bon tarif doit pouvoir varier sous l'influence d'une multitude de circonstances qu'une sage administration, aidée de l'expérience, peut seule apprécier.

7° Les nouvelles voies ont un intérêt évident à se raccorder avec les anciennes et celles-ci avec les nouvelles ; car plus les communications s'étendent, plus s'augmentent les chances des transports et les produits.

Il résulte de ces principes incontestables, qu'il n'y aurait aucun inconvénient, mais, au contraire, toutes sortes d'avantages à ne pas fixer à l'avance des tarifs immuables, dont les éléments sont inconnus ; et à laisser aux compagnies le soin de débattre librement les prix, comme cela se pratique pour tous les autres modes de transport en usage en France.

En Amérique où, pour les chemins de fer, la liberté du tarif existe (bien que les voies ordinaires soient beaucoup moins multipliées qu'en France), il n'en est résulté que des avantages et une grande simplicité dans tout ce qui concerne cette partie si embrouillée de nos cahiers de charges. Les parties, intéressées à s'entendre, se font mutuellement les concessions que commande leur intérêt commun. Et, en effet, pour avoir des voies de communication constamment en bon état et qui, dans l'intérêt de tous, se multiplient à l'infini, il faut que les tarifs soient assez élevés pour que les entreprises prospèrent ; d'un autre côté, cette prospérité ne peut être que le prix d'une modération des frais qui excitent à la plus grande locomotion possible.

Ainsi la force des choses tend constamment à mettre d'accord le public et les compagnies, qui ont besoin les uns des autres.

Si donc l'opinion, au sujet des tarifs, n'avait pas été faussée, comme elle l'a été, à dessein, on obtiendrait sans doute facilement la consécration du principe de la liberté des tarifs. Mais nous ne sommes pas encore assez avancés pour oser nous flatter d'une pareille victoire, et nous nous bornerons à demander des *maximum* de tarifs assez élevés pour que, dans ces limites, les compagnies puissent se mouvoir en toute liberté et arriver à la fixation des prix les plus convenables pour chaque portion du tarif, en ayant égard aux temps et aux circonstances qui peuvent et doivent faire varier quelquefois ces prix.

C'est, au reste, ce qui se passe en Angleterre, où l'on n'a recueilli que des avantages de cette pratique. Pourquoi en serait-il autrement en France, et pourquoi ne pas profiter de l'expérience de nos voisins ?....

En ce qui touche les embranchements et prolongements qui ont tant préoccupé la commission du chemin de Paris à Orléans, il tombe sous les sens que les compagnies auront un intérêt direct et *réciproque* à s'entendre, tant pour la modération des prix que pour faciliter de tous leurs moyens la communication la plus rapide d'une extrémité de la ligne à l'autre.

Aucune stipulation à cet égard n'est donc nécessaire. Ainsi disparaîtront, au moyen de tarifs *maximum* uniformes, toutes les difficultés qu'on s'était créées à plaisir dans la discussion des conditions des tarifs des chemins de fer.

Maintenant, pour fixer les *maximum*, quelle règle faut-il suivre? Il faut, d'une part, que ces *maximum* soient suffisamment élevés pour ne laisser aucun doute sur la latitude qu'il importe de laisser aux compagnies, et, d'un autre côté, qu'ils ne laissent non plus aucune incertitude relativement à l'économie que ces mêmes *maximum* doivent offrir sur le mode de transport actuel. C'est à cette double condition que l'intérêt public sera pleinement satisfait, et il peut l'être facilement, car rien n'empêche que l'on prenne, comme base de ces *maximum* (que la plupart du temps l'on abaissera de soi-même), des prix qui offrent de notables économies sur les frais actuels.

Dans l'état actuel des choses :

Par les messageries, la tonne de

   marchandises coûte........ 4 50 ou 1 12 1/2 c. par kilom.

Par le roulage accéléré....... 1 50 à 60 c. soit 40 c. *id.*

Par le roulage ordinaire..... 1 fr. environ, soit 25 c. *id.*

De sorte qu'un tarif maximum de 25 c. pour les marchandises de première classe répondrait au plus bas prix de transport par terre actuellement en usage, et cela sans tenir aucun compte de la célérité.

Et si l'on fait la comparaison des prix de transport par classe, l'on aura :

1re classe. Pour les marchandises usant des messageries, une économie de........... 4 1/2 p. 1
   c'est-à-dire que, pour le même prix, on transporterait 4 fois et demi plus d'objets.

2e — *Idem* usant du roulage accéléré id. de   2   p. 1
   c'est-à-dire que, pour le même prix, on transporterait le double plus d'objets.

3e — *Idem* usant du roulage ordinaire id. de   1 2/3 p. 1
   c'est-à-dire que, pour le même prix, on transporterait deux tiers plus d'objets.

Ces économies, quoique calculées sur le *maximum* du tarif, seraient très-considérables, comme on le voit.

Pour les voyageurs, on paie dans ce moment : En poste, au minimum, trois lieues à l'heure, 75 c. par lieue, ou 18 3/4 c. par kil. ; en diligence, deux lieues à l'heure, moyenne des places, 60 c. par lieue ou 15 c. par kilomètre : donc, si le maximum des voyageurs de première classe était fixé à 12 1/2 c., ce prix serait tout au plus égal au prix le plus bas du mode de transport actuel ; et si l'on fait la comparaison par chaque classe, il apporterait une économie non moins considérable que pour les marchandises, et ce, toujours abstraction faite de l'immense avantage d'une célérité triple ou quadruple.

Ainsi les maximum étant fixés :

Pour la 1re classe à 12 1/2 c. par kilomètre.
    »   2e   »   à 10   »   »
    »   3e   »   à 7 1/2   »

cela amènerait :

Pour les voyageurs en poste répondant à la première classe, une économie de 1 sur 2, c'est-à-dire qu'ils feraient trois lieues pour le prix qu'il en coûte pour en faire 2 actuellement ; pour les voyageurs en diligence occupant les premières places, ce qui répond, pour le chemin de fer, à la seconde classe, une économie semblable, c'est à-dire que les voyageurs feraient trois lieues pour le prix de 2 ; enfin, pour les voyageurs en diligence occupant les dernières places, ce qui répond pour le chemin de fer à la troisième classe, une économie plus grande encore, c'est-à-dire que les voyageurs parcourraient cinq lieues pour le prix de trois lieues.

Il résulterait donc des prix proposés (qui, comme maximum, seraient la limite extrême des frais de transport) de très-notables économies, et ces prix pourraient, sans inconvénients, devenir une *base uniforme* pour toutes les compagnies de chemins de fer; car ce mode, qui laisserait toute sécurité sur l'avenir des entreprises, trancherait d'un coup toutes les difficultés que soulève la question des tarifs, chaque fois qu'il est question de les établir d'une manière stable et définitive.

Et cette fixation n'aurait rien d'arbitraire ou qui ne pût se justifier par de bonnes raisons.

En Amérique, quand (ce qui arrive quelquefois, mais rarement) l'on prescrit des limites à la liberté des tarifs, les prix fixés sont égaux aux prix du transport par la route ordinaire, avec faculté de les relever si le produit du chemin ne donnait pas 15 pour cent des capitaux employés.

En Angleterre, pour le chemin de Londres à Birmingham, le seul qui puisse être comparé à nos grandes lignes concédées, on a fixé des maximum de tarifs bien autrement élevés que ceux demandés : le péage seul est réglé par le parlement ; les frais de transport sont librement fixés par les parties intéressées. Une seule restriction a été mise à cette faculté de fixer librement les frais de transport : « Il n'est permis ni à la Compagnie, ni à au-« cune autre personne exploitant le chemin, d'exiger, tout com-« pris, plus de 23 c. par kilomètre et par voyageur ; c'est-à-dire un taux à peu de chose près le double du *maximum* proposé pour les voyageurs de première classe en France ; il est vrai que d'eux-mêmes, les administrateurs du chemin, à l'exemple d'autres entreprises semblables, paraissent disposés à abaisser ce chiffre, dans l'espoir d'obtenir plus de transports et d'avoir plus de produits ; et ils auront raison de le faire.

Pour les marchandises, le *péage* seul est fixé ; il varie de 6 3/4 à 19 3/4 c., mais les frais de transport exigés sont considérables et font ressortir le tarif à des prix bien supérieurs aux *maximum* fixés par nous.

Enfin, le chemin de Liverpool à Manchester a aussi des *maximum* de tarif bien supérieurs aux nôtres, c'est-à-dire environ 36 cent. pour la marchandise, péage et transport compris, et environ 12 1/2 cent. pour le seul péage des voyageurs. Mais, dans la pratique, il ne perçoit, en moyenne, que 25 cent. par tonne, et 12 1/2 par voyageur, soit justement notre maximum pour les premières classes des voyageurs et des marchandises. (1) La moyenne des maximum demandés serait 20 cent. pour les marchandises et 10 cent. pour les voyageursu, soit 20 pour c. au-dessous du prix moyen perçu sur le chemin de fer de Liverpool à Manchester. Mais il n'y a aucun doute que, dans son propre

(1) Depuis quelque temps, la Compagnie a relevé ses prix : elle les a

intérêt, la Compagnie abaisserait beaucoup ces prix, notamment en ce qui concerne les classes inférieures qu'une bonne administration doit attirer en masse par le bon marché.

Nous avons aussi apporté des changements aux articles isolés du tarif, comme la houille, les animaux, les voitures à vide, etc.; mais l'on remarquera que ce sont des maximum qu'il s'agit de fixer, et, d'ailleurs, la comparaison des prix accordés à la Compagnie de Londres à Birmingham justifie complètement l'augmentation indispensable reclamée (1).

Il n'y a donc aucune objection raisonnable à faire aux chiffres que nous indiquons comme *maximum* des tarifs à accorder aux compagnies concessionnaires des grandes lignes de chemin de fer.

Il eût peut-être été plus naturel de ne fixer, comme en Angleterre, que le droit de péage des marchandises et des voyageurs, sauf à laisser le public et les compagnies se débattre pour les frais de transport; mais la méthode de diviser le tarif en deux fractions s'étant établie ici, nous l'adoptons aussi; cette division est, au surplus, sans inconvénient au moyen des *maximum*. En définitive, l'adoption du tarif-maximum proposé nous paraitrait devoir concilier tous les intérêts et résoudre toutes les difficultés.

portés de 5 s. 6 d. à 4 s. 6 d. et de 5 s. 6 d. à 6 s. 6. d., sur les voyageurs de première et deuxième classe, soit à 14 c. 1/3 par kil. en moyenne.

(1) On n'est pas frappé d'un médiocre étonnement quand on lit dans l'exposé des motifs des grands chemins de fer du 15 février dernier (page 7) que les frais d'exploitation et de traction d'un chemin de fer à une vitesse de 4 lieues s'élèvent de 7 à 7 1/2 c. par tonne et par kilomètre; or, dans les tarifs contre lesquels les compagnies sont en réclamation, on n'a accordé pour les frais de transport de la houille que 04 c. et pour les autres marchandises que 05, 06, 07 c., selon la classe à laquelle elles appartiennent : de sorte que l'administration constituait sciemment et volontairement les compagnies en perte.

N° 12.

CHEMINS DE BELGIQUE.

Résultats en 1858.

(Extrait d'une lettre d'un des administrateurs.)

Aujourd'hui que j'ai le résultat exact des deux derniers mois, je peux vous présenter l'ensemble de l'année entière de 1838.

		Nombre des Voyageurs.	Montant des Recettes.
Voyageurs payant d'après le tarif.	en berline à 35 cent. par lieue de 4,000 m.	17,507	69,522 85
	en diligence à 30 c. id.	215,896	702,502 70
	en char-à-bancs à 20 c. id.	604,935	1,033,985 05
	en wagon à 10 c. id.	1,340,354	1,087,790 45
	Totaux	2,178,692	2,893,568 85
Militaires voyageant à 1/2 prix		56,818	45,258 88
	Total général....	2,235,510	2,958,827 73
Montant du transport des bagages des voyageurs.			105,421 59
Transport des marchandises (1).			58,594 28
	Total des recettes		3,100,843 40

La totalité des dépenses de l'année a été de 2,000.000 fr.

SAVOIR :

Entretien et police de la route et des stations	450,000 »
Dépenses de transports et de l'entretien du matériel	1,250,000 »
Frais de perception et de bureaux	520,000 »
Total	2,000,000 »

(1) Ce transport ne sera organisé qu'en 1839, et sa rentrée est évaluée à 850,000 fr.

Je ferai observer que cette dépense entre les mains d'une société particulière serait susceptible d'être réduite d'un quart, et n'aurait été que de 1 million cinq cent mille francs. L'excédant de dépenses eût donc été de 1,600,000 francs, ce qui fait le 5 pour cent du capital employé (32 millions).

Mais le tarif des places est évidemment trop bas, surtout pour les wagons. A la vérité, il pourrait y avoir moins de voyageurs, mais les dépenses de transport en seraient diminuées.

Je désirerais connaître quel est le tarif accordé pour le chemin de Paris à Orléans, pour faire l'application à notre nombre de voyageurs ; je crois qu'il n'est que de 30 centimes par lieue pour les premières places et de 20 centimes pour les secondes places : si cela est ainsi, ce n'est réellement pas assez.

On va monter le transport des marchandises dont on a évalué la rentrée probable à 850 mille francs, et comme le service de 1838 n'a été que de 6 sections en janvier, février et mars, de 8 en avril, mai, juin, juillet et août, et seulement de 10 en septembre, octobre, novembre et décembre, on estime que les recettes des voyageurs seront pour 1839, sur ces 10 sections, de 3,900,000 francs.

Il y aura trois autres sections ouvertes en 1839 ; celui de Bruxelles à Tubile de 22 mille mètres ; celui de Gand à Courtrai de 42 mille mètres, de celui de Landau à Saint-Trond de 10,500 mètres.

Ce qui portera la totalité du railway construit à 330,000 m. et laisserait à faire en 1840 et 1841   207,000

Total de la longueur. . . . 537,000

N° 13

AUGMENTATION DES TARIFS BELGES.

Bruxelles, 7 février 1839.

Monsieur et ami, je m'empresse de vous informer qu'un arrêt royal vient d'augmenter les prix du tarif des places des voyageurs sur le chemin de fer, à partir du 21 de ce mois.

1° Les diligences paieront comme les berlines, dont on ne fera point de distinction.

2° Les char-à-bancs éprouvent une augmentation de 10 à 12 pour cent.

3° Les wagons en éprouvent une de 50 pour cent.

Ainsi, le prix par lieue de poste de 4,000 mètres est porté de

31 à 32 c. pour les diligences, soit 08 c. par kilomètre.

21 à 22 » pour les char-à-bancs » 05 1/2 c.

15 » pour les wagons » 03 3/4 c. »

Je crois devoir vous donner cette information pour qu'elle puisse servir à l'appui de vos réclamations sur l'augmentation du tarif qui vous est imposé.

Cette différence de prix sur les trois espèces de voitures aurait donné pour l'anné 1838 une augmentation de rente de 750 mille francs, c'est-à-dire 2 1/2 pour cent du capital de 30 millions employés.

Le prix des wagons est encore évidemment trop bas; mais comme le Gouvernement belge ne fait pas une opération financière de son railway, et qu'il ne veut atteindre, après le prélèvement fait de toutes les dépenses d'entretien d'administration, de service, et de remplacement, que 5 pour cent, dont 4 pour intérêts et 1 pour amortissement; il est probable qu'il atteindra ce point l'année prochaine.

Extrait du dernier Rapport de la Compagnie de Saint-Germain, en ce qui concerne les tarifs.

Recettes de l'exploitation.

Les résultats de notre exploitation ont été satisfaisants : nous avons transporté, dans le cours de l'année 1838, un million deux cent soixante-cinq mille cent trente-neuf voyageurs, et nos recettes se sont élevées à 1,361,014 fr. 55 cent.

Le détail de cette circulation et de ces recettes mérite de fixer votre attention ;

TRANSPORTS SUR	VOYAGEURS.	RECETTE.
Saint-Germain......	1,109,471	1,253,021 50
Nanterre....	78,110	47,104 60
Chatou..................	56,261	40,972 60
Asnières (depuis le 8 juillet)...........	17,367	8,492 85
Clichy (du 8 juillet au 15 août).........	1,655	977 45
Entre deux stations intermédiaires.....	2,266	1,019 70
		1,331,588 40
Abonnements......................		539 »
Bagages..................		9,087 15
TOTAUX..........	1,265,139	1,361,014 55

Ainsi les seules stations de Nanterre et de Chatou ont donné cent trente-deux mille trois cent quatre-vingts voyageurs et une recette de 88,076 fr. 30 cent. L'ensemble des stations a donné cent cinquante-cinq mille six cent soixante-dix-huit voyageurs et 98,566 fr. de recette. — D'après les résultats obtenus depuis le premier janvier dernier (1), nous pouvons espérer un notable accroissement sur cette branche de nos revenus.

La classification selon la nature des voitures a donné :

	VOYAGEURS.	RECETTES.	PRIX MOYEN.
			f. c. m.
Pour les diligences.......	186,649	286,902 50	1 55 71
» wagons garnis...	158,573	203,045 95	1 28 04
» » simples..	919,917	861,639 95	» 93 66
Ensemble........	1,265,139	1,551,588 40	1 06 85

Ce résultat donne, pour le nombre des voyageurs, les rapports suivants :

Diligences........	14 8/10	p.	0/0	soit	14, 8
Wagons garnis....	12 5/10	»	»		12, 5
Wagons simples...	72 7/10	»	»		72, 7
					100

(1) L'ensemble des stations a produit dans la même période de 59 jours :

	VOYAGEURS.	RECETTES.
En janvier et février 1838......	15,610	9,405 40
id. id. 1859......	28,135	15,709 »
Accroissements en 1859.......	12,525	4,305 40

La circulation des mois de janvier et février réunis représentant environ la quatorzième partie du mouvement de l'année entière, il en résulte que si cet accroissement se maintient, les transports pour les trois stations de Chatou, Nanterre et Asnières seulement s'élèveront à plus de 550,000 voyageurs dans l'année 1859.

Vous voyez, Messieurs, que les places de luxe représentent une circulation exceptionnelle : la base fondamentale de nos recettes a été le produit des places dont le prix est le plus bas.

L'examen de ces faits nous a conduits à réduire le prix des dernières places, afin de chercher à utiliser la force disponible de nos machines en circulation ; mais avant de tenter une semblable expérience, nous avons fait un premier essai sur les stations intermédiaires.

Le prix des stations était ainsi établi depuis le 5 juillet dernier :

	WAGONS GARNIS.		WAGONS SIMPLES	
Asnières....................	0	45	0	40
Nanterre....................	0	90	0	75
Chatou....................	1	20	0	80

Nous l'avons réduit le 22 novembre comme suit :

	WAGONS GARNIS.		WAGONS SIMPLES.	
Asnières....................	0	40	0	30
Nanterre....................	0	80	0	50
Chatou....................	1	»	0	60

Cette réduction dans les prix ayant fait augmenter non-seulement le nombre des voyageurs, mais aussi le chiffre des recettes, nous nous sommes décidés à réduire le prix des wagons simples, pour la distance entière, de 1 fr. à 75 c.

Comme pour les stations intermédiaires, cette réduction a été suivie d'un accroissement considérable de voyageurs, et même d'une augmentation de recettes.

Nous avons transporté,

	VOYAGEURS.	RECETTES.
En janvier et février 1838,	91,614	96,708 fr. 40 c.
En janvier et février 1839,	130,889	104,713 73
ACCROISSEMENT en 1839	39,275	8,005 fr. 33 c.

Nous ne pensons pas, toutefois, qu'il faille attribuer cette amélioration à l'influence seule du bas prix : les habitudes prises, la régularité du service, la multiplicité des voitures établies au Pecq, en correspondance avec le chemin de fer, ont dû également concourir, dans une proportion notable, à cet accroissement.

Nous vous demanderons d'approuver ces nouveaux tarifs. Nous examinerons ultérieurement les modifications qu'il pourra être nécessaire de leur faire subir. Notre expérience ne pourra, d'ailleurs, être complète que lorsque nous aurons été autorisés à établir des places de luxe au-dessus du tarif. Il existe, ainsi que vous avez pu le voir, une trop faible différence entre les premières et les secondes places ; celles-ci sont en général délaissées : lorsqu'on n'est pas décidé à prendre des premières places, on voyage dans les troisièmes.

Nous pensons qu'il conviendra, dans tous les cas, d'augmenter les prix le dimanche, à partir du mois de mai, ainsi que cela se pratique ordinairement par les entreprises de transport des environs de Paris.

N° 15.

De la prise de possession des terrains nécessaires à l'établissement des Chemins de Fer.

Une des plus grandes difficultés de l'exécution des grands travaux publics est l'acquisition des propriétés qui se trouvent sur la ligne de ces travaux. On perd déjà un temps considérable à combattre, devant les tribunaux, les prétentions exagérées des propriétaires anciens, mais l'on rencontre des adversaires bien plus redoutables encore dans ces propriétaires de la veille, spéculateurs avides, qui, ayant épié les enquêtes et les tracés, se sont emparés à l'avance des terrains destinés aux travaux, afin d'exploiter dans les entrepreneurs le besoin d'économie de temps, et ainsi d'exiger des prix énormes de propriétés qui n'ont souvent que la plus mince valeur : si les entrepreneurs refusent de se soumettre aux exigences les plus déraisonnables, ces spéculateurs les tracassent par l'épuisement de toutes les formalités judiciaires, et rendent ainsi les procès presque interminables. La nouvelle loi en matière d'expropriation a sans doute diminué les inconvénients que nous signalons ; mais elle n'est pas assez complète pour donner à des associations prévoyantes toute sécurité sur ce point important (1). La promptitude d'exécution des travaux étant un des principaux éléments de succès d'une entreprise qui exige de grands capitaux (car l'économie du temps est, dans ce cas, une économie d'argent), et, en outre, le public ne pouvant jouir des avantages de cette entreprise tant qu'elle n'est pas achevée, l'intérêt général

(1) Voir le rapport de la Compagnie de Versailles (rive gauche), à ce sujet.

exige que le Gouvernement prenne des mesures pour empêcher les détenteurs de terrains de mettre des entraves à la prompte exécution des travaux. Quand une propriété est légalement frappée d'expropriation pour cause d'utilité publique, elle cesse, pour ainsi dire, d'appartenir à celui qui la possède; ainsi le Gouvernement peut, sans porter atteinte aux droits de la propriété, autoriser les compagnies concessionnaires à prendre possession des terrains dans un bref délai, après, toutefois, avoir déposé à la caisse des consignations le montant de l'indemnité présumée, sauf à la compléter plus tard, si elle était reconnue insuffisante.

Sans une disposition de ce genre, l'établissement des grandes lignes de chemin de fer se prolongerait de telle sorte que l'exécution en deviendrait presque impossible. D'ailleurs, les droits des propriétaires étant conservés, quel motif s'opposerait à ce que des terrains, qui sont dans la catégorie de ceux dont l'expropriation sera ordonnée, fussent immédiatement livrés aux concessionnaires?

Le parlement anglais a accordé pour les chemins de fer cette prise de possession immédiate, sauf à régulariser plus tard, par les voies légales, l'indemnité à accorder aux propriétaires. On ne concevrait pas la possibilité de faire un chemin de fer d'une grande étendue sans cette autorisation : d'ailleurs, il est probable qu'on aurait peu d'occasions d'en faire usage; car les propriétaires, n'ayant plus la possibilité d'entraver la marche des travaux, n'élèveraient plus que des prétentions raisonnables, et les transactions deviendraient d'autant plus faciles que l'avidité de la spéculation cesserait d'être protégée.

(Extrait d'une publication, faite par nous, en 1835, sur les encouragements à accorder aux concessionnaires de travaux publics.)

Des rapports du Gouvernement et de l'administration avec les compagnies.

La supériorité de l'industrie particulière sur le Gouvernement, en fait de travaux publics, étant aujourd'hui reconnue, on n'aura pas de peine à convenir de la nécessité de laisser aux compagnies le libre arbitre, auquel sont dues l'unité d'action, l'économie, la rapidité et la bonté d'exécution, qui constituent leur aptitude aux entreprises de ce genre.

On considère généralement comme une chose fàcheuse d'être sous la dépendance des Ponts-et-Chaussées ; des rapports avec cette administration semblent toujours promettre embarras et difficultés. Cette opinion, bien que nous la regardions comme exagérée, est néanmoins si répandue, qu'elle doit être basée sur quelques motifs réels. Ce n'est pas que nous voulions faire ici une critique déplacée de ce corps savant : nous rendons toute justice aux hommes honorables et éclairés qui le composent ; mais il faut bien reconnaître que, si l'on peut tout attendre d'eux sous le rapport de la science, il n'en est pas de même sous celui de l'économie dans les dépenses, de l'activité dans les travaux, et de la conduite générale des affaires. A cet égard, nous le répétons, une compagnie particulière est bien supérieure à l'administration des Ponts-et-Chaussées. Dans les entreprises industrielles, l'économie de temps est un des plus grands éléments de succès : *or, l'on ne peut être retenu à chaque pas, ajourné sans cesse, sans éprouver de grands dommages et par suite beaucoup de découragement.*

Il nous paraît donc de la plus haute importance de distinguer nettement les attributions et les devoirs des Ponts-et-Chaussées de ceux des compagnies. Ces dernières sont sous la dépendance nécessaire de l'administration pour les plans, devis et tracés des chemins : il faut qu'elles les acceptent tels qu'ils ont été définitivement approuvés, mais il importe que cette approbation ne se fasse pas trop attendre. L'autorité de police, les mesures de sûreté sont également dévolues au Gouvernement. Mais pour ce qui est de l'achat des terrains, des arrangements à prendre avec les propriétaires, de l'exécution matérielle des travaux, de la gestion et de la direction de l'entreprise en général, cela rentre dans les attributions des compagnies, et l'on ne pourrait, sous ce rapport, les dépouiller d'aucun de leurs droits, sans injustice et sans nuire essentiellement à la marche

des opérations. Enfin, pour établir cette harmonie si nécessaire
entre l'administration et les compagnies, il faudrait que celles-ci
pussent agir librement, sans entraves administratives, *et que
l'intervention des Ponts-et-Chaussées ne se fît sentir que pour
aplanir les obstacles et éclairer la conduite des travaux.*

Mais, sans porter atteinte à la liberté de gestion indispensable aux succès des compagnies exécutantes, le Gouvernement peut se réserver une action de surveillance et de conseil suffisante pour sa sécurité comme garant des intérêts, et avantageuse aux actionnaires eux-mêmes : il devrait se faire représenter auprès des compagnies par un commissaire qui aurait le droit de tout voir, de vérifier les comptes, d'assister à toutes les délibérations, d'ouvrir des avis, de faire des observations, d'en exiger même l'insertion au procès-verbal, mais n'aurait aucun pouvoir administratif. Exercé avec bienveillance, un contrôle de ce genre ne serait à charge à aucune compagnie digne de sa mission : il établirait même des relations amicales entre le commissaire du roi et les administrateurs ; et la confiance qu'inspirerait alors à ces derniers cet intermédiaire naturel entre les deux parties, le ferait adopter par les compagnies elles-mêmes, comme leur organe auprès du Gouvernement. Cette combinaison serait donc la sauve-garde de tous les droits et de tous les intérêts, et préviendrait de fâcheuses collisions.

En définitive, nous ne saurions trop insister sur ce point : c'est en appréciant avec équité les attributions de chacun, et en les définissant avec précision, qu'on évitera des conflits toujours désagréables et souvent très-dangereux.

Nous ne terminerons pas cet article sans aborder une question importante, puisqu'elle intéresse l'existence même du corps des Ponts-et-Chaussées.

A l'époque où ce corps fut institué, l'industrie était peu avancée, dépourvue de capitaux suffisants, et totalement dénuée d'influence ; personne n'avait ni ne pouvait avoir l'idée de la faire intervenir dans l'exécution des grands travaux d'utilité générale. Le Gouvernement, qui, d'ailleurs, centralisait tout, pouvait seul s'occuper de ces entreprises, et il était indispensable qu'il s'attachât exclusivement des hommes savants et spéciaux, chargés de lui fournir les plans et de les exécuter. Le corps des Ponts-et-Chaussées fut créé et rendit long temps de grands services à l'État et au pays.

Mais vingt ans de paix ont amené de grands changements : les esprits se sont portés vers les choses qui intéressent le bien-être public; l'industrie s'est développée; elle a acquis une grande influence; d'immenses capitaux s'apprêtent à la soutenir; et aujourd'hui, moyennant l'appui de la garantie de l'État, bien loin d'être regardée comme impuissante, elle serait à bon droit proclamée seule capable de produire, avec promptitude et économie, les ouvrages les plus considérables.

L'intention qui nous porte à constater ces faits ne sera point, nous l'espérons, interprétée défavorablement. Loin d'être hostiles à l'administration des Ponts-et-Chaussées, nous désirons la prémunir contre des erreurs dont les suites pourraient être fâcheuses; nous voulons essayer de lui indiquer, autant que notre position nous le permet, les moyens de conserver, dans son intérêt et dans celui du pays, une position due à ses talents et acquise par de longs travaux.

Dans la disposition présente des esprits, l'administration ne doit pas s'attendre à obtenir des Chambres législatives, organes des contribuables, les fonds nécessaires à l'exécution des grands travaux publics, sauf pour le petit nombre de ceux qui ne sont susceptibles d'aucun produit, et, par cela même, hors de la portée de l'industrie particulière. Ainsi, on ne peut en douter, il ne sera point voté d'allocations pour confier aux Ponts-et-Chaussées les grandes lignes de chemins de fer, parce qu'il est évidemment possible de les faire exécuter par des compagnies industrielles; et le Gouvernement, dût-il, pour attirer ces compagnies, faire des sacrifices plus grands que ceux demandés par cet écrit, nous croyons fermement que les Chambres y consentiraient; tant nous regardons comme unanime la crainte de laisser ces entreprises au compte de l'État. Les Chambres ont, chez nos voisins, la mesure de ce que peuvent faire les compagnies industrielles, et elles ont appris chez nous par l'exemple des canaux et bien d'autres ouvrages, ce que peut devenir, entre les mains du Gouvernement, l'entreprise des grands travaux publics : cette récente expérience sera probablement la dernière. Le génie industriel est donc reconnu aujourd'hui comme méritant la préférence des grands travaux d'utilité publique. Dans l'intérêt même de l'administration des Ponts-et-Chaussées, il importe de constater ce fait. Il faut qu'elle ait le courage et le bon esprit de reconnaitre la vérité. Son organisation, réglée pour d'autres temps, n'est plus en harmonie avec les besoins actuels. Jusqu'ici, exclusivement attachée au Gouvernement, elle a été pour lui à la fois un conseil et un corps exécutant ; aujourd'hui, par l'adoption de l'intermédiaire des compagnies, dans la plupart des cas, elle ne peut plus être pour lui qu'un conseil ; et son utilité, bornée à ces fonctions en quelque sorte passives, n'en serait pas moins très-grande, si elle remplissait ces nouvelles fonctions avec le désir sincère de favoriser les progrès de l'industrie privée.

Néanmoins, il serait déplorable de condamner tant de talents à l'inaction, et c'est pourquoi nous pensons qu'il faudrait accorder aux compagnies la faculté de jouir, conjointement avec le Gouvernement, des lumières et de l'expérience du corps des Ponts-et-Chaussées ; qu'ainsi ses membres fussent autorisés par une mesure générale, comme ils l'ont déjà été par une mesure exceptionnelle, à suspendre parfois leur service actif, pour consacrer la durée de ces congés temporaires à la direction des travaux dont les compagnies demanderaient à les charger. Mais il serait nécessaire que ces autorisations fussent conçues dans le sens le plus libéral, c'est-à-dire qu'elles ne changeassent rien, ni dans le présent, ni dans l'avenir, à la position administrative des ingénieurs employés par les concessionnaires. Nous verrions dans ces dispositions le complément du système de sollicitude et de liberté que nous cherchons à faire prévaloir, et elles auraient, selon nous, les plus heureux effets pour tous. Intéressé moralement et pécuniairement au succès des travaux concédés aux compagnies, le Gouvernement surtout devrait voir avec satisfaction des hommes qui lui sont attachés, prendre part à la direction de ces travaux, et, par cela même, le temps des congés accordés aux ingénieurs ne cesserait pas d'être consacré au service de l'État.

Nous regretterions vivement que des motifs qu'il ne nous est pas donné de prévoir, ne permissent point d'adopter la combinaison que nous venons d'indiquer ; car nous la croyons de nature à concilier tous les intérêts. Mais quelle que soit la détermination que le Gouvernement prenne à ce sujet, l'administration des Ponts-et-Chaussées devra toujours subir les conséquences des modifications qu'entraîne à sa suite un nouvel ordre de choses, et elle reconnaîtra, sans doute, que le parti le plus sage est de transiger avec une nécessité à laquelle on ne peut pas raisonnablement espérer de se soustraire.

(Extrait d'une publication faite par nous en 1835, sur les encouragements à accorder aux concessionnaires des travaux publics.)

N⁰ 16.

QUELQUES NOTES DÉTACHÉES

SUR DIVERS POINTS

SE RAPPORTANT AUX TRAVAUX PUBLICS.

(L'avantage de mettre en relief quelques vérités utiles nous fait passer sur l'inconvénient de quelques répétitions.)

NOTE Ire.

Dans tous les cas, l'exécution par des compagnies, avec garantie de l'État, vaut mieux que l'exécution par l'administration des Ponts-et-Chaussées.

En supposant, ce qui serait bien contestable, que l'État aurait exécuté aussi vite et aussi économiquement que l'industrie privée les travaux qui lui auraient été confiés, et, ce qui serait plus extraordinaire encore, que le Gouvernement les gérerait aussi bien que pourraient le faire des compagnies particulières, on arrive à ce résultat : C'est que, dans le système de garantie tel que nous l'avons proposé, et en admettant l'hypothèse assurément la plus fâcheuse de toutes : *celle où les chemins et les canaux exécutés ne donneraient aucuns produits, pendant quarante-six ans consécutifs*, dans cette hypothèse même, disons-nous, il y aurait bénéfice pour l'État.

En effet, aujourd'hui, l'État n'emprunterait pas au-dessous de 4 pour cent, et cette dette il faudrait la servir *perpétuellement*, ou racheter le capital emprunté. Dans le système de la garantie de 4 pour cent, intérêt et amortissement compris, la dette s'éteint d'elle-même au bout de quarante-six années.

Il y aurait donc, à l'expiration de ce délai, bénéfice pour l'État de tout le capital garanti, à quoi il faut ajouter encore toutes les chances de dépenses plus fortes et de revenus moindres, dans le cas de l'exécution et de l'exploitation par l'État; système si justement repoussé par les Chambres, surtout en ce qui a trait à la gestion et à l'exploitation.

NOTE IIe.

Réponse à ceux qui craignent que la garantie d'intérêt ne soit un oreiller de paresse pour les compagnies.

......Est-ce à dire que toutes les entreprises garanties seront bonnes? Non, certes, elles ne le seront pas toutes, et c'est justement pour cela que l'État pourra être entraîné à quelques dépenses. La garantie rend les entreprises exécutables, en procurant facilement aux compagnies les capitaux nécessaires, et en les mettant à l'abri du malheur d'être arrêtées en voie d'exécution si les capitaux réalisés se trouvaient insuffisants, comme cela est arrivé à la Compagnie du chemin de Versailles, rive gauche. En un mot, la garantie met les compagnies à l'abri de leur ruine complète ; mais elle n'a pas le pouvoir de rendre bon ce qui est essentiellement mauvais, et les compagnies qui auraient mal assis leurs calculs ; celles qui auraient mal jugé l'utilité qu'elles s'étaient promise de leurs travaux, celles-là ne retireront de leurs peines que perte au lieu d'en retirer du profit.

Il y a donc ici rémunération, et la garantie ne confondra pas dans un même sort les compagnies actives, économes, intelligentes, et celles qui ne le seront pas ou qui le seront moins. Ici, comme partout, à chacun selon ses œuvres ; la punition seulement est limitée, et il est bon qu'elle le soit, par toutes les raisons que nous avons exposées.

NOTE IIIe.

Sur la difficulté de rendre mobiles les actions industrielles non garanties par l'État.

Non-seulement nous persistons à penser que le système des compagnies appuyées du crédit de l'État est le meilleur ; qu'il y a dans cette combinaison un développement industriel et des conséquences immenses ; que ce système du crédit public de la paix doit créer des merveilles, bien plus encore que son devancier le crédit public de la guerre ; mais nous avons la plus profonde conviction que, sans lui, il n'y a aucune possibilité de voir le germe de l'esprit d'association se dégager des entraves de toutes sortes qui l'étreignent, et l'auront bientôt étouffé si l'on ne vient à son aide.

Et comment en serait-il autrement ? En Angleterre, où l'esprit d'association s'est naturalisé depuis près d'un siècle ; où les capitaux sont plus abondants et plus aventureux que chez nous ; où de grands succès ont couronné les efforts des entrepreneurs ; où les lois qui les concernent sont très-libérales et encourageantes ; où l'État prête aux entreprises qui en ont besoin ; où enfin les conditions d'existence des compagnies sont tout autres que les nôtres ; en Angleterre même, il existe aussi une difficulté capitale que ferait complètement disparaître notre système. Là, comme ailleurs, les actions des chemins de fer se transmettent difficilement, et, une fois entré dans les entreprises, il est rare qu'on en puisse sortir quand on le veut.

Je pourrais citer à l'appui de cette assertion tel chemin anglais dont les actions valent 80 pour cent de prime, et dont quelques fondateurs céderaient volontiers une partie de leur intérêt à 15 ou 20 pour cent de différence, pourvu qu'on leur prît une certaine quantité d'actions, que le marché restât secret et que l'on consentît à les garder quelques années.

Au premier aspect, cela paraît extraordinaire ; c'est cependant facile à expliquer : le cercle des amateurs de ces actions étant restreint, les souscripteurs primitifs ont placé dans ces actions autant et souvent plus de capitaux qu'ils n'avaient d'abord compté y en mettre. L'entreprise achevée, elle réussit; elle donne un bel intérêt; de là, hausse des prix pour le petit nombre d'actions qui se négocient; mais on avilirait le cours inutilement, en voulant vendre de grandes quantités d'actions à des acheteurs qui n'existent pas.

De là, aussi cette fausse position des fondateurs qui, nouveaux Tantale, sont condamnés à souffrir la soif au milieu des eaux, et, bon gré mal gré, sont attachés indéfiniment à l'œuvre qu'ils ont créée; heureux encore si des événements imprévus n'en viennent pas compromettre les revenus.

Si telle est la situation des choses en Angleterre, que serait-ce en France, dans l'état des esprits, et lorsque nos institutions politiques, elles-mêmes, sont sans cesse mises en question? Ce serait une position intolérable, dans laquelle personne ne voudrait s'engager. La nécessité de mobiliser les nouvelles valeurs est donc un nouveau motif, un motif impérieux d'adopter le système de l'appui du crédit de l'État, qui aurait particulièrement pour effet de faciliter au plus haut degré les mutations.

En dehors de cette combinaison, que l'on n'espère rien de l'avenir; même les entreprises commencées ne s'achèveront pas, et le pays sera réservé à la honte de les voir abandonnées (telle est du moins notre opinion), par suite de l'imprévoyance et des rigueurs des pouvoirs de l'État, lesquels, s'ils eussent mieux compris leur mission, auraient dû, au contraire, les entourer d'une protection toute particulière.

Mais il n'en sera pas ainsi; sous peine d'être souverainement inconséquente, la Chambre, après avoir proclamé le principe que l'État ne doit se présenter comme exécuteur des travaux publics qu'après que l'industrie s'est déclarée impuissante; la Chambre ne peut pas refuser aux travailleurs les moyens de rendre faciles des travaux que, jusqu'à ce jour, on a tout fait pour rendre impossibles: si ce n'était le fruit d'une grave erreur, agir de la sorte serait une amère dérision.

NOTE IVᵉ.

Système d'encouragement en faveur, dit-on, à l'administration des Ponts-et-Chaussées.

On dit, et nous croyons être bien informés à cet égard, que l'administration des Ponts-et-Chaussées, opposée au système de garantie, rêve encore, comme moyen d'encouragement, de faire prendre au Gouvernement une certaine quantité d'actions dans les entreprises. Ce système, présenté à la Chambre, en 1835, à l'occasion du chemin de fer de Paris à la mer, fut vivement combattu et unanimement repoussé par la commission. En effet, ce projet du Gouvernement ne satisfaisait à rien en cas de résultats mauvais; car, dans cette hypothèse, tous les actionnaires perdaient leur mise, les particuliers aussi bien que l'État : c'eût été un malheur commun sans aucun allégement pour les capitalistes, et le trésor eût fait un sacrifice sans utilité pour eux (1).

Pourquoi, se demandera-t-on, l'administration paraît-elle vouloir ressusciter cette idée malencontreuse, tandis qu'elle repousse le seul système qui pourrait produire de grands et de réels résultats?

Pourquoi? toujours par la même raison; parce que le système qui aura le mieux pour but d'encourager l'industrie privée sera celui qui conviendra le moins à l'administration des Ponts-et-Chaussées. Le mauvais vouloir qu'elle a toujours montré, son opposition, franche ou occulte, selon les circonstances, contre l'établissement d'un crédit public industriel, donnant à l'industrie privée la force qui lui manque, n'a pas d'autre cause, ni d'autre origine que son ardent désir de condamner celle-ci à une impuissance absolue, pour tous les grands travaux publics.

Le triomphe de l'administration des Ponts-et-Chaussées, au point de vue où elle s'est placée, c'est l'impuissance ou la ruine des compagnies; l'histoire de ces derniers temps le prouve.

(1) Notre mémoire publié en 1835 avait principalement pour but de démontrer les inconvénients et l'inefficacité de ce mode de secours.

NOTE V^e.

Des secours à accorder aux entreprises d'une moyenne importance : au chemin de fer de Versailles, rive gauche, par exemple.

Tel que nous le concevons, le système de la garantie d'un *minimum* de revenu n'est applicable qu'aux grandes entreprises d'utilité publique : faciliter la réunion de capitaux considérables, que, sans ce moyen, l'on ne réunirait pas, voilà quel doit être le but, le principal objet *de l'appui du crédit de l'Etat accordé aux compagnies.*

Est-ce à dire que ces grandes entreprises soient les seules qui méritent les encouragements du Gouvernement ? non sans doute ; mais les secours doivent être pour celles d'une moindre importance, d'une autre nature : ainsi, lorsque l'Etat a prêté six millions à la Grand-Combe, et a donné de cette manière la vie et le mouvement à une entreprise utile ; lorsque l'État, qui regorge de capitaux improductifs, prêtera dans des cas analogues, il fera acte de sage et bonne administration.

Dans ce moment, par exemple, le chemin de fer de Versailles, rive gauche, est arrêté dans ses travaux parce que les devis adoptés par les Ponts-et Chaussées, étant de trois à quatre fois plus bas que le chiffre de la dépense, laissent la Compagnie aux prises avec un besoin de 6 à 7 millions ; et que la faute impardonnable de l'administration, d'avoir autorisé deux chemins, alors que rien ne permettait de penser qu'un seul serait insuffisant, cette faute, dont le Gouvernement seul est responsable, place la Compagnie dans l'impossibilité de négocier un emprunt acceptable (1).

---

(1) Ce même chemin offre un bien frappant exemple des rigueurs administratives. Une tolérance d'un huitième de millimètres, en sus de a pente d 4 millimètres qui lui a été accordée, lui était nécessaire dans

Dans cette fâcheuse conjoncture, le Gouvernement peut d'au tant moins refuser à la Compagnie le secours qu'elle réclame, que le capital prêté et les intérêts à 3 pour cent lui seraient assurés par des ouvrages qui auraient coûté plus du double de l'avance que le trésor aurait faite à la Compagnie.

Nous ne savons même pas jusqu'à quel point le trésor ne devrait pas renoncer aux intérêts de ses avances, tant que les actionnaires, victimes des erreurs grossières et d'imprévoyance de l'administration des Ponts-et-Chaussées, n'auraient pas retiré un intérêt raisonnable de leurs capitaux.

Ce ne serait qu'une juste et légitime réparation ; et d'ailleurs, nous ne saurions trop le répéter, il est telles dépenses qui sont de véritables économies, et à coup sûr celles qui ont pour but d'encourager les travaux publics sont de ce nombre.

une partie de son parcours : cette légère modification lui aurait épargné des travaux et des frais considérables.

Eh bien, on la lui a impitoyablement refusée ; et cependant la rive droite jouit, dans tout son parcours, de la faculté d'une pente de 5 millimètres.

Or, ce qui n'est pas jugé dangereux pour la rive droite, ne saurait pas l'être pour la rive gauche ; surtout lorsque celle-ci ne devait pas user de toute la différence, mais d'un huitième seulement : c'est évident.

Il était difficile que cette inflexibilitée l'administration aussi inexorable qu'elle est peu motivée, ne soulevât pas, comme cela est arrivé et comme cela arrive en maintes occasions, un grand mécontentement.

Dans cette circonstance, l'administration aura craint peut-être d'engager sa responsabilité ; mais il est certains cas où il faut savoir l'engager.

Personne, qu'elle le sache bien, ne lui reprocherait des infractions, sans inconvénient et dont le but serait de favoriser et d'encourager l'industrie. Au contraire, chacun l'applaudirait de savoir, au besoin, faire avec courage et fermeté, de ces actes d'intelligence et de bonne administration, pour lesquelles la conscience publique (qui ne se trompe pas sur les intentions), lui accorde d'avance des bills d'indemnité. Malheureusement, elle ne se met pas souvent dans le cas de les réclamer. C'est ce dont l'on se plaint.

NOTE VIe.

Du grand inconvénient, pour les affaires, des changements ministériels.

L'administration des Ponts-et-Chaussées jouit d'un privilége que nous aimerions à voir partagé par toutes les branches de la haute administration. Chacun sait les inconvénients graves qui résultent des fréquentes mutations que les mouvements politiques amènent dans les administrations, au grand détriment des affaires publiques. Un ministre n'a pas fait connaissance avec ses bureaux et acquis quelque habitude de ses fonctions administratives, qu'une révolution parlementaire le fait remplacer par un autre ministre qui, lui-même, est bientôt remplacé à son tour. De là, point de suite dans les projets, et des retards sans cesse renouvelés dans les affaires les plus urgentes et de l'intérêt le plus majeur, témoin dans ce moment la question des sucres et celle des chemins de fer.

Pourquoi, prenant exemple sur le ministère des travaux publics, dont le directeur des Ponts-et-Chaussées est l'âme, en tout ce qui concerne les affaires proprement dites, pourquoi n'y aurait-il pas, dans chaque ministère, un sous-secrétaire d'État chargé uniquement de la partie administrative, et qui, entièrement étranger à la politique, serait soustrait par là aux révolutions ministérielles? Elles n'arrêteraient plus, alors, d'une manière si déplorable, à des époques périodiques et de plus en plus rapprochées, la préparation et l'expédition des affaires du pays.

Les sous-secrétaires d'État, uniquement occupés de leurs fonctions, deviendraient bientôt très-capables pour tout ce qui concerne la partie administrative de leur ministère, et cela, par la raison très-simple qu'on leur laisserait le temps de devenir habiles, ce qu'on refuse aux hommes politiques.

Cette convention tacite de laisser en place, pendant de longues années, ces hauts fonctionnaires publics, aurait, sous bien des rapports, beaucoup d'avantages.

On en aurait eu la preuve dans la longue existence administrative de M. le directeur des Ponts-et-Chaussées, si, malheureusement, ses dispositions hostiles à l'esprit d'association n'avaient paralysé tous les avantages que l'industrie privée aurait pu tirer, dans les circonstances actuelles, de cette heureuse fixité. En effet, pourquoi, lorsque tant de questions vont être soulevées au sujet des travaux publics; lorsque le travail, à ce sujet, doit sortir tout entier de l'administration des Ponts-et-Chaussées, pourquoi M. le directeur général ne profite-t-il pas du loisir que lui laisse l'interrègne ministériel pour s'enquérir, de concert avec les compagnies, de tout ce qu'il pourrait être utile et convenable de proposer aux Chambres, relativement à leurs réclamations? Pourquoi ne pas tout préparer d'avance quand la session doit forcément être si courte?....

Nous l'avons dit, pour pouvoir applaudir pleinement à la conservation d'une administration habile, nous voudrions que les travaux confiés à des compagnies industrielles fussent distraits de la direction des Ponts-et-Chaussées dite gouvernementale, et placés entre les mains d'un agent supérieur, spécialement chargé de tout ce qui aurait trait aux travaux exécutés par les soins de l'industrie privée, et partisan sincère de sa coopération aux travaux publics. Tout le monde y trouverait des avantages, même l'administration des Ponts-et-Chaussées qui échapperait ainsi à bien des critiques, quelquefois injustes et passionnées, mais méritées dans la plupart des cas.

(1er mai 1839).

NOTE VIIe

SE RAPPORTANT A LA PAGE 94.

Des lenteurs administratives.

L'administration publique rivale de l'industrie privée !... Ces mots hurlent presque de se trouver ensemble; cependant la chose est ainsi, il n'y a pas moyen de le nier. L'administration des Ponts-et-Chaussées, depuis ces dernières années surtout, s'est placée vis-à-vis de l'industrie du pays, de telle façon que soutenir, comme nous l'avons soutenu, que *l'industrie privée exécute les travaux plus économiquement et plus rapidement que l'État*, c'est se déclarer son adversaire. Cependant cette opinion devient générale de plus en plus, et elle compte des partisans même au sein de l'administration.

En attendant une réforme inévitable, ce qui doit appeler vivement l'attention des hommes progressifs, et rend cette réforme indispensable, c'est que cette même administration, dont un esprit de corps exagéré et mal entendu, repousse toute idée de conciliation, a non-seulement intérêt à persuader que rien de bien ni de grand ne peut se faire que par ses ingénieurs et sous sa direction, mais encore, ce qui est pire, elle a le *pouvoir* d'empêcher l'industrie privée de déployer librement les qualités qui lui sont plus particulièrement propres, et la font justement préférer à l'État pour l'exécution des travaux publics. En effet, rien, absolument rien, ne peut se faire qu'avec l'approbation du conseil des Ponts-et-Chaussées, *et cette approbation, l'administration la donne quand elle le veut.* Il dépend donc de l'administration de paralyser tous les efforts de l'industrie privée, et, soit mauvais vouloir, soit négligence, soit lenteur naturelle, soit embarras et complications des rouages administratifs, c'est ce qui arrive constamment.

Ainsi, pour n'en citer qu'un exemple, la Compagnie d'Orléans a, dès le 8 novembre dernier, déposé ses plans parcellaires d'une partie de la section de Paris à Corbeil. Pour une cause ou l'autre, ils ne sont pas encore approuvés par le conseil des Ponts-et-Chaussées et livrés à la Compagnie : beaucoup de travaux importants sont, par cela même, forcément suspendus. Voilà donc six mois écoulés, dont au moins trois ou quatre de perdus, et Dieu sait quand la Compagnie sera définitivement en possession des approbations dont elle ne peut se passer (1).

Nous n'accusons personne ; mais il faut bien convenir que, si tout le monde est de bonne volonté, il y a un vice quelque part.

Or, si, n'ayant pas eu à réclamer du Gouvernement et des Chambres la réforme de plusieurs clauses onéreuses de sa constitution, la Compagnie, comme elle en a eu le projet, avait pu attaquer les travaux, sur toute la ligne, avec une grande énergie, de manière à ce que le chemin fût achevé en deux ans et demi, ainsi que M. l'ingénieur en chef l'avait promis; si, dis-je, la Compagnie n'avait pas été arrêtée par cet obstacle, quel tort les lenteurs administratives n'auraient-elles pas causées à la Compagnie et à la chose publique ?

L'octroi des autorisations nécessaires devrait être entouré de formes très-expéditives, soit que l'administration accorde ou refuse son approbation, dans un délai déterminé. Il faut le reconnaître, tant qu'on n'en sera pas venu à une réforme radicale des us et coutumes administratifs, l'industrie privée restera dans les langes, elle sera comprimée dans son essor et ne pourra que languir.

Vassale jusqu'à présent d'une administration dont, sans injustice, il est au moins permis de suspecter le bon vouloir, l'industrie est sans doute fondée à demander d'être débarrassée de

(1) Nous sommes heureux, au moment de mettre sous presse, de pouvoir dire nos craintes mal fondées ; le conseil des Ponts-et-Chaussées vient d'approuver les plans de la Compagnie d'Orléans, dans le département de la Seine, et l'a fait dit-on, avec bienveillance et empressement. Puisse-t-il, désormais, mériter toujours un semblable témoignage ! chacun serait heureux de le lui rendre, et nous le premier.

(25 mai 1839.)

toutes les entraves qui la gênent et qui ont jusqu'ici rendu, en France, son intervention dans les travaux publics presque nulle.

A qui la faute, aux hommes ou aux choses? Probablement à tous les deux; mais quand on le voudra bien, rien ne sera plus facile que de mieux faire ; la première de toutes les conditions, 'est de vouloir, et nous espérons qu'il viendra, enfin, aux affaires, des hommes qui sauront vouloir et vouloir fermement.

10 -mai 1839.

NOTE VIIIe.

Des intermédiaires obligés dans la création des sociétés industrielles.

Lors des emprunts, les maisons les plus respectables de Paris, les Laffitte, les Delessert, les Baguenault, achetaient, en gros, du Gouvernement, des rentes à des 4 ou 5 pour cent au-dessous des cours de la Bourse; et le crédit public grandissant par leur concours et celui de leur nombreuse clientelle, ces maisons, dans un assez bref délai, les revendaient, en détail, avec de gros profits dont personne n'a jamais songé à leur faire un reproche; car c'est de cette manière que le crédit public s'est créé et fortifié, et qu'il pourrait aujourd'hui rendre de si grands services. — Comment donc, lorsqu'il s'agit d'entreprises qui entraînent avec elles des risques plus considérables, exigent des peines et des soins pendant plusieurs années, et soumettent à une responsabilité sérieuse leurs fondateurs, comment pourrait-on contester à ces nouveaux intermédiaires, plus indispensables que ne le furent jamais les premiers, le droit bien naturel et bien juste de ne pas courir seulement des chances de pertes sur les actions dont ils se sont chargés? Ce serait une prétention ridicule, absurde, et qui serait plus propre qu'aucune autre chose que nous sachions, à éloigner de ces entreprises, à empêcher tout développement de l'esprit d'association : c'est cependant ce que l'on a fait. Cependant, je le dis hardiment; quand une réunion d'hommes d'affaires offrira de se charger d'une grande entreprise, comme le chemin d'Orléans, par exemple, sans paraître vouloir en retirer aucuns profits, méfiez-vous de cette offre, en apparence si désintéressée, comme de tout ce qui est peu naturel; et rien n'est moins naturel que des hommes d'affaires qui, au demeurant, vivent de leurs affaires, comme le prêtre vit de l'autel, s'occupent pendant plusieurs années d'une entreprise commerciale, *gratia pro Deo*.

Le prétendre, et taxer de cupidité des intentions contraires, c'est vouloir éloigner à plaisir toutes les personnes honorables qui voudraient s'occuper de travaux publics, mais qui ne veulent pas le faire niaisement ; c'est-à-dire donner gratuitement leur temps et leurs soins à des entreprises qui ne leur offriraient que des mauvaises chances et point de bonnes.

Nous engageons les hommes sérieux à y réfléchir.

Dans l'association les rôles sont différents.

Aux uns, l'idée créatrice, les premiers risques, la peine, la responsabilité et le travail.

Aux autres, rien que le partage des chances.

Les charges étant si inégales, les droits doivent-ils, en bonne justice, être les mêmes ? Là, est toute la question, et le développement de l'esprit d'association est beaucoup plus intéressé dans la solution que l'on ne le croit généralement.

NOTE IXe.

Encore quelques mots sur les canaux de 1821 et 1822, et sur la meilleure manière d'en tirer parti.

L'année dernière, pour prouver combien l'industrie privée est supérieure à l'administration des Ponts-et-Chaussées, en ce qui touche la célérité des travaux, nous avons cité un exemple frappant : celui du canal de Roanne à Digoin qui, commencé en 1832, a été achevé en 1838, tandis que le canal latéral, commencé en 1822, ne l'est pas encore, c'est-à dire que la navigation n'y est pas constante et régulière dans tout son cours.

Cet état des choses est une cause de grand préjudice pour le canal de Roanne à Digoin (qui en est le prolongement), car ce canal ne fut entrepris par une compagnie particulière, que dans la ferme croyance où elle était, et devait être, que le canal latéral serait en pleine navigation long-temps avant l'achèvement de celui de Roanne à Digoin. Mais, bien qu'il eût été entrepris *dix ans auparavant*, il n'en a pas été ainsi. — A l'heure qu'il est, de graves imperfections s'opposent encore à l'application d'un tarif sur le canal latéral, et, quoique affranchi de tout péage, la navigation n'y est pas la dixième partie de ce qu'elle devrait être. — En effet, le canal a besoin de beaucoup de réparations pour assurer la conservation des eaux ; le passage en Loire, près de Briare, est si défectueux, si dangereux même, qu'il est impossible de ne pas le changer complètement, sans exposer le canal à ne rendre que très-imparfaitement les services qu'on est en droit d'en attendre. Enfin, cette belle ligne d'eau qui, déjà, devrait être la grande route entre Paris et Lyon, aujourd'hui qu'on voyage à quatre lieues à l'heure sur les canaux, manque de chemins de hallage empierrés ; et le magnifique service de messageries accélérées qu'on pourrait y établir immédiatement, est ajourné indéfiniment. Je dis indéfiniment, car, de l'aveu même de l'administration, il faut au moins trois ans avant que cet empierrement ait lieu.

Est-il possible, nous le demandons, de gérer plus mal cette belle propriété? — Quoi! vous avez fait à grands frais, un canal qui, par sa position exceptionnelle, doit rendre les plus grands services et vous dédommager largement de toutes vos dépenses (45 millions au moins), et au lieu de faire de suite un puissant et dernier effort pour le mettre d'un coup en état parfait de viabilité, vous répartirez sur quatre, cinq ou six années les fonds qu'il faut y consacrer encore pour le rendre productif, et très-productif; et pendant ces longues années, qu'on réduirait à une saison si l'on voulait, le commerce, l'industrie, l'agriculture, souffriront de la privation d'une voie qui leur serait si utile, et le trésor public de revenus considérables !

Assurément, rien n'est plus mal entendu, et rien ne serait plus utile que d'entrer de suite et franchement dans le système de la régie intéressée des canaux appartenants à l'État, dont il a été souvent question. Leur complet et rapide achèvement, leur prompte et bonne mise en produits, la fixation de tarifs convenables, la simplicité des comptes avec les copropriétaires, l'établissement de voies accélérées, et l'introduction assurée de toutes les améliorations passées, présentes et futures de la navigation intérieure, en seraient l'immédiate conséquence.

La commission du budget, présidée par l'honorable M. Passy, aujourd'hui ministre des finances, fit, l'année dernière, un rapport à la Chambre dans ce sens. Les compagnies de canaux ont manifesté officiellement, et en plusieurs occasions, une opinion favorable à ce système (qui est tout à la fois dans l'intérêt du public, du Trésor, et de ses copropriétaires), et cela par la raison que *tous* ont un égal intérêt à ce que les canaux soient bien administrés.

Nous savons qu'il existe des propositions à ce sujet, et qu'il est très-probable que les compagnies existantes entreraient volontiers dans des combinaisons de cette nature.

Qui pourrait donc s'opposer, au moins à l'examen approfondi de cette intéressante question, alors que plusieurs anciens ministres, et des personnes très-notables, sont si favorables à sa prompte solution? Qui? Est-il besoin de nommer l'administration des Ponts-et-Chaussées, qui voudrait tout embrasser, et qui, par cette raison, fait mal, même les choses qu'elle pourrait faire admirablement si elle savait borner ses travaux; à plus forte raison celles que, par la nature des choses, elle ne peut pas bien faire. Non, jamais elle ne pourra gérer convenablement des entreprises de canaux et de chemins de fer, entreprises essentiellement du domaine de l'industrie et du commerce, et l'on ne saurait trop tôt sortir leur gestion des mains de l'administration des Ponts-et-Chaussées.

Au reste, ce n'est pas une pensée nouvelle; l'on sait que Napoléon voulait agir ainsi, préférant, disait-il, abandonner les canaux gratis à des compagnies que de les laisser aux mains de ses ingénieurs.

N° 17.

Quelques mots relativement à la prime de 10 pour cent réclamée par les fondateurs de la Compagnie d'Orléans sur une portion de leurs actions mises en vente publique.

On s'est beaucoup récrié contre les fondateurs de la Compagnie d'Orléans, qui avaient manifesté l'intention de vendre à prime une partie de leurs actions. Par mon absence, je n'ai pris aucune part directe à cette décision; j'en puis donc parler librement et avec toute impartialité, et je suis bien aise d'avoir l'occasion de le faire; car, resté personnellement étranger à cette mesure si amèrement blâmée (à tort selon moi), j'éprouve le besoin d'en prendre hautement ma part de responsabilité. Je traite d'ailleurs d'autant plus volontiers ce point délicat que cette discussion rentre tout-à-fait dans mon sujet, et qu'elle éclairera une question obscurcie involontairement par l'ignorance, ou envenimée à dessein par la méchanceté.

Au reste, en repoussant des reproches aussi injustes qu'irréfléchis, je ne prends mission que de moi-même : je ne parle qu'en mon nom, nullement au nom de mes honorables collègues qui ont cru ne devoir opposer que le silence aux attaques dont ils ont été l'objet. J'en appelle au public mieux informé, au retour de l'opinion mieux éclairée : non pas dans l'intérêt des fondateurs de la Compagnie d'Orléans, qui n'ont pas besoin de défense, mais dans l'intérêt de la vérité, dans l'intérêt de l'avenir des travaux publics par l'industrie privée.

Examinons donc froidement la question; voici les faits :

Les fondateurs de la Compagnie du chemin de fer d'Orléans ont dû poser les bases de l'entreprise, fournir le cautionnement, se charger de poursuivre la concession devant le Gouvernement et les Chambres, qui l'ont principalement accordée à la considération, justement méritée, dont jouissent les membres de la

Compagnie. Le Gouvernement et les Chambres ont parfaitement compris que la formation inopinée d'une Compagnie qui réunissait à un si haut degré toutes les conditions qu'on pouvait désirer dans une association de ce genre, était une bonne fortune, et que cette circonstance heureuse importait surtout au début d'une nouvelle carrière. Donc, la Compagnie, investie qu'elle était de la concession, a dû organiser cette grande affaire. Or, ce n'est pas une chose aussi simple qu'on pourrait le penser, et peu de personnes se doutent de tous les soins que cela entraîne. Mais ce n'est pas tout: avant, pendant et après l'obtention de la concession, la Compagnie a dû supporter une foule de frais de tous genres, tant pour rembourser les avances du concessionnaire que pour le dédommager de ses peines ; soit enfin pour s'attacher des personnes utiles à l'entreprise, frais dont les fondateurs n'ont pas fait état à la société anonyme et qui sont restés à leur charge (1). C'est donc dans cette situation, après avoir fait des frais importants ; après avoir obtenu à grande peine la concession rétrocédée gratis ; après avoir fourni le cautionnement de leurs propres deniers, et en avoir couru les risques pendant tout le temps qui a séparé la demande de concession de la fondation définitive de la société anonyme ; c'est après avoir travaillé à cette fondation et à l'organisation complète de la société; après avoir assumé sur soi la responsabilité morale de l'entreprise et contracté l'engagement de rester administrateurs et intéressés dans l'entreprise jusqu'après l'achèvement des travaux; c'est après avoir subi toutes ces charges, *sans compensation aucune;* c'est après avoir, dès l'origine, cédé au pair le tiers au moins des actions, que la Compagnie (la

(1) Les avantages assurés par les fondateurs au concessionnaire et à l'un des directeurs, pour le dédommager de l'abandon d'une position acquise ; enfin les frais de tous genres tombés à la charge des maisons fondatrices, ne peuvent pas être évalués à moins de 400,000 francs, qui élèvent d'autant, au-dessus du pair, le prix des actions restées à leurs risques et périls..... C'est ainsi que ces maisons ont été favorisées aux dépens des actionnaires!

presse n'a pas eu assez de blâme pour l'en punir) a eu *l'horrible* pensée de vouloir vendre à 10 pour cent de prime une portion (pour 10 ou 12 millions de francs) des actions dont elle était restée chargée à ses risques et périls! de sorte que, s'ils n'eussent pas immédiatement renoncé à cette prétention, aussi naturelle que juste, quoi qu'on en ait dit, mais inopportune, nous le reconnaissons, à raison du discrédit qui commençait à s'attacher aux actions des chemins de fer, les fondateurs auraient reçu pour prix de cinq à six années de travaux, pour prix des risques qu'ils ont couru, non pas 4 millions comme on l'a dit, mais un million environ à partager, après déduction des frais mentionnés d'autre part, entre *huit maisons*, et à répartir, comme nous le disions, sur cinq à six années engagées dans les travaux.

Conçoit-on une telle avidité ! Et la Compagnie n'a-t-elle pas bien mérité tous les reproches qu'on lui a adressés (1) !

Voici donc ce qui serait arrivé si tout eût été comme les fondateurs l'avaient espéré : Les membres de la Compagnie qui travaillent (les créateurs du chemin de Paris à Orléans) eussent été *un peu* mieux traités que le public proprement dit, qui ne fait rien, et l'eussent été un peu plus mal que les actionnaires en grand nombre, auxquels, par faveur, dans l'origine, les fondateurs avaient fait des cessions au pair ; et encore, nous sommes fondés à le dire, si les fondateurs eussent réalisé cette vente au prix de 550 francs, ils se seraient crus obligés de soutenir les actions aux environs de ce prix, de sorte qu'ils auraient dû racheter à prime, non-seulement les actions vendues ainsi, mais toutes celles cédées au pair qui, d'après tout ce qui s'est passé, se seraient inévitablement présentées sur le marché.

Heureusement pour les maisons fondatrices , en renonçant immédiatement à toute prime et faisant disparaître ainsi tout

(1) Si les maisons fondatrices eussent vendu en détail à la Bourse ce qu'elles ont offert publiquement et en gros au public, il ne serait venu à personne l'idée de se plaindre, témoin ce qui s'est passé pour l'émission des actions de Versailles, dont les cours ont débuté à des 30 ou 40 pour cent de prime. Chose singulière ! on les a blamées d'avoir agi franchement et ouvertement.

sujet de plaintes bien ou mal fondées, elles ont évité cet écueil.

Maintenant, examinons quelle est au vrai la situation des fondateurs.

Ils en sont pour tous les frais qu'ils ont eu à supporter; pour les risques qu'ils ont couru; pour la responsabilité morale qui pèse sur eux; pour toutes les critiques dont ils ont été l'objet; pour l'obligation contractée de rester engagés dans l'entreprise, pendant la durée des travaux, comme administrateurs et comme intéressés, et pour les veilles et les travaux de tous genres auxquels ils sont appelés. Quant aux actionnaires, dont la presse avait cru devoir prendre la défense, ils ont donné leur argent au même titre que les fondateurs; les uns et les autres jouissent des mêmes avantages, moins la participation aux charges mentionnées plus haut, lesquelles retombent sur les fondateurs seuls. Qu'on dise maintenant qui sont les mieux traités des membres actifs ou des membres inactifs de l'association?

Certes, je le sais, personne des membres actifs de cette honorable entreprise ne pense à se plaindre, même des injustes reproches dont ils ont été l'objet; mais croit-on que, sous l'empire d'un pareil système, ils trouveront beaucoup d'imitateurs; et que beaucoup de gens, comme il les faut pour qu'on puisse les placer utilement à la tête de ces grandes et belles associations, seront disposés à sacrifier leur repos et à abandonner leurs affaires personnelles pour de pareils fruits à recueillir? Le croire serait une illusion.

Il importait, dans l'intérêt de l'esprit d'association, de rectifier les fausses idées accréditées par la presse sur le fait en question; et de proclamer, bien haut, qu'il est naturel, qu'il est juste, qu'il est indispensable que les créateurs, les fondateurs d'une entreprise d'aussi longue haleine que celle des chemins de fer et des canaux, reçoivent une récompense de leurs longs et pénibles travaux. Jamais rien au monde ne ressembla moins à l'agiotage qu'une aussi juste remunération, et ce ne peut être que par une étrange confusion d'idées et de principes, que la presse a pu être entraînée à soutenir le contraire à propos de la Compagni d'Orléans. Nous espérons l'avoir complètement démontré.

14

N° 18.

Motifs à l'appui de la Régie intéressée des canaux appartenant à l'État, et proposition relative à quatre de ces canaux.

───

Conditions.

La Compagnie se chargerait de l'entretien et de l'administration des canaux appartenant à l'État, qui font partie de la grande ligne de navigation liant Paris avec le Sud,

Savoir :

1° Le canal latéral à la Loire,
2° Le canal du Berri,
3° Le canal du Nivernais,
4° Le canal du Centre,

} voie navigable de Paris à Marseille.

La Compagnie paierait à l'État, en deux termes semestriels, et jusqu'à expiration du bail, une somme équivalente aux annuités imposées au Trésor par les emprunts contractés pour ces canaux.

Savoir :

Canal latéral à la Loire.............	800,400 fr.
Canal du Berri.....................	817,200
Canal du Nivernais.................	542,400
Et pour le canal du Centre une somme fixée à forfait à.................	190,000
Total.........	2,350,000 fr.

et ce, à partir et au fur et à mesure des livraisons des canaux en pleine navigation et en bon état.

En raison de ce que, les premières années, les canaux coûtent plus à entretenir et produisent moins, la Compagnie ne paierait point de fermage la première année du bail, et partagerait seulement le produit net avec le Gouvernement. Par cette même raison, le prix du bail, fixé ci-dessus à 2 millions 350 mille francs, serait diminué de moitié pendant les cinq années suivantes et d'un quart pendant cinq autres années ; de telle sorte que l'État n'entrerait en jouissance *de la totalité* de l'annuité promise qu'à partir de la onzième année de la prise de possession.

Les bénéfices nets de la Compagnie, c'est-à-dire déduction faite de tous les frais de réparation, d'entretien et d'administration des canaux, et du prix du fermage, seraient partagés par moitié entre l'État et la Compagnie, bien entendu qu'il serait établi une comptabilité distincte pour chaque canal, et qu'on partagerait le produit net de l'ensemble.

La Compagnie déposerait des actions de jouissance de ces mêmes canaux, à titre de cautionnement, pour une somme représentant au moins une année de bail.

Le bail commencerait à partir de l'achèvement et de la prise de possession de chaque canal, et finirait le 31 décembre 1899.

La Compagnie s'engagerait à tenir, pendant toute la durée du bail, les susdits travaux en parfait état d'entretien, et à son expiration, à les rendre dans le même état de bon entretien et de bonne navigation.

Dans la limite du maximum des tarifs, elle serait libre de régler les droits comme elle l'entendrait.

Si, dans un intérêt de bonne administration, il y avait lieu à apporter législativement quelques changements aux tarifs actuels, la Compagnie s'en entendrait à l'amiable avec le Gouvernement.

L'État resterait naturellement tenu d'acquitter tous ses engagements antérieurs, relatifs aux *emprunts de canaux*.

Motifs à l'appui de la proposition.

Nous allons essayer de développer succinctement les motifs qui nous paraissent militer fortement en faveur de la concession, en régie intéressée, des canaux appartenant à l'État, à des compagnies particulières.

Nous donnons nos idées sans commentaires, laissant à ceux qui en sont plus capables le soin de les développer et de les faire valoir convenablement.

Et d'abord, à l'appui de notre demande, nous citerons l'opinion d'un grand administrateur, Napoléon, qui, en 1810, voulait débarrasser à tout prix l'administration de la gestion des canaux appartenant à l'État. Après plusieurs tentatives inutiles, ne trouvant personne pour les acheter, il s'était décidé à les *donner* plutôt que de les laisser gérer par les Ponts-et-Chaussées.

Il avait reconnu que les ingénieurs, très-habiles pour créer les ouvrages, n'avaient pas les connaissances et les habitudes commerciales nécessaires pour les bien gérer ; et ce qui était vrai alors l'est encore plus aujourd'hui ; car l'État voulant se livrer à beaucoup d'entreprises nouvelles, il importe plus que jamais de débarrasser l'administration des soins qu'exigerait d'elle la gestion des ouvrages achevés, alors même que ses agents auraient les qualités qui leur manquent pour bien s'acquitter de cette tâche (1).

Ce qui tombe sous le sens, c'est que la mise en régie intéressée des canaux aurait pour l'État, entre autres avantages, ceux qui suivent :

De le débarrasser d'une administration compliquée, de sim-

(1) La commission nommée, en 1837, pour émettre un avis sur l'exécution, par l'État ou par l'industrie privée, des grandes lignes de chemins de fer projetés, a voté pour leur exploitation par l'industrie, au moyen de l'affermage et leur exécution au compte de l'État.

plifier considérablement la comptabilité du budget (qui se bornerait alors à deux articles de recette : 1º le prix fixe du bail, 2º la part du Trésor des excédants).

Un avantage important résulterait d'ailleurs de la mesure qui centraliserait sur les livres d'une régie intéressée, surveillée par un commissaire du roi et comptable à la cour des comptes, toute la comptabilité du produit des canaux, de leurs frais d'administration et des dépenses d'entretien et de réparations de toute nature; ce serait d'éviter les difficultés sans nombre qui ne manqueront pas, autrement, de s'élever entre l'État et ses copropriétaires, les porteurs d'actions de jouissance, sur le compte exact des produits affectés au service des emprunts et qui doivent être partagés entre l'État et eux.

Dans l'état actuel des choses résultant des règles de la comptabilité publique, le compte des produits net des canaux serait fort difficile à établir; car, d'une part, leurs produits bruts perçus par l'administration des contributions indirectes figurent dans les recettes du budget général de l'État; les frais de perception de ces produits sont compris dans le budget des dépenses du ministère des finances, et les frais d'entretien et de réparation des canaux sont compris, au contraire, dans le budget du ministère des travaux publics.

Le compte du revenu net des canaux n'existe donc nulle part, et pourtant il faut l'établir, puisqu'il est indispensable pour régler le sort des copropriétaires porteurs des actions de jouissance, lesquels ont le droit de discuter et d'arrêter ce compte, et ne manqueront certainement pas de le faire avec tout le soin qu'exigeront leurs intérêts. Or, ce compte se trouverait tout établi, et régulièrement, sur les livres de la régie intéressée, et, de plus, son exactitude serait constatée par un arrêt de la cour des comptes.

La régie intéressée affranchirait encore l'État de toutes les questions si difficiles de tarifs (nous prouverons plus loin qu'il n'est pas en son pouvoir de les résoudre convenablement).

La régie intéressée aurait pour objet, enfin, de diminuer les dépenses d'entretien, d'empêcher la fraude, d'augmenter nota-

blement les produits, tout en ménageant, et même en servant
le commerce et l'industrie ; cette augmentation de produits se
trouverait dans une administration active, intelligente, et
notamment dans des tarifs bien appropriés aux localités, aux
circonstances, aux temps. Ces tarifs sont modifiables par mille
considérations qu'une administration intéressée, et sans cesse
aux enquêtes, pourrait seule apprécier, à l'aide du temps et de
recherches minutieuses et continuelles.

Pour justifier notre assertion, nous dirons, en quelques mots,
quels sont les moyens naturels aux compagnies pour augmenter
notablement le produit des canaux entre leurs mains.

Nous posons en fait d'abord, et ce ne sera contesté par personne, que l'industrie privée, débarrassée de toutes les formes
administratives, et stimulée par son intérêt, est beaucoup plus
propre, sous tous les rapports, qu'une administration publique
à entretenir économiquement les canaux.

Elle est également plus apte à empêcher la fraude ou la négligence ; or, il est probable que, sur les canaux de l'État, il se
fait, dans le jaugeage des bateaux et l'application des tarifs, des
erreurs volontaires ou involontaires très-notables, dont la ré-
pression aurait une grande influence sur les produits.

Il est certain en outre que l'administration passant en mains
de l'industrie privée, celle-ci pousserait aux améliorations de
toutes ses forces.

Ainsi, à l'exemple de ce qui a lieu dans des pays voisins, elle
créerait des services accélérés pour les marchandises précieuses,
qui paieraient alors, *volontairement*, le double ou le triple des
droits. Elle établirait des services accélérés pour le transport des
voyageurs, elle offrirait des primes d'encouragement pour la
découverte de nouveaux moyens de perfectionnement, soit dans
l'entretien des ouvrages, soit pour l'application de la vapeur à la
navigation sur les canaux, etc., etc.

Enfin, elle agirait sans cesse dans une vue unique : celle de
rendre les canaux *plus utiles* et *dès-lors plus productifs* ; et, en
cela, elle servirait tout à la fois ses intérêts, ceux de l'État et
ceux du pays tout entier, qui ne profitera largement de ces

moyens de transport qu'autant qu'on les aura rendus aussi parfaits que possible.

Un fait hors de contestation, c'est que l'administration publique et ses agents les ingénieurs sont tout-à-fait hors d'état, quelque bonne volonté qu'on leur suppose, de produire ces utiles résultats.

Donc, à ne considérer la mesure que sous ce point de vue, il n'y aurait pas à hésiter; mais il est une autre considération qui domine tout : c'est la question des tarifs dont la solution convenable est, à elle seule, d'une grande difficulté, même pour les compagnies les plus intelligentes, à plus forte raison pour le Gouvernement. Et cette impuissance radicale de l'État, dans une question qui intéresse à un aussi haut degré le commerce, l'industrie et l'agriculture, est tout-à-fait déterminante, selon nous, pour l'adoption du système que nous proposons.

Une assertion aussi tranchée nous oblige à entrer dans quelques développements qu'on excusera en raison de l'importance du sujet.

C'est une chose fort difficile, impossible même, que de faire un tarif de droits dont tout le monde soit content. Il n'en existe aucun qui n'excite de perpétuelles réclamations, soit qu'en effet quelque denrée se trouve frappée d'une taxe qu'elle ne peut pas supporter, soit que le commerce tende toujours à diminuer ses charges, ne demandant pas mieux que de s'en affranchir tout-à-fait, si on voulait l'écouter.

De loin en loin, le Gouvernement rassemble toutes ces réclamations, les examine, remanie ses tarifs, fait et défait à peu près au hasard, et quand, après de longues discussions, il a enfin arrêté quelque chose, son œuvre est déjà surannée; les plaintes recommencent bientôt, et l'on n'est pas plus avancé qu'auparavant. Pourquoi? Parce qu'on a eu le tort d'attacher de la fixité à ce qui n'en a pas, à ce qui ne peut en avoir. En commerce, tout est variable et mobile. L'abondance ou la rareté de la production font varier le prix de premier achat ; le fret varie, l'assurance varie, l'intérêt de l'argent varie, et si, au milieu de tant d'éléments variables, vous en introduisez un qui reste stationnaire, tel que le droit de navigation, il est clair qu'il doit, par intervalle, faire violence à tous les autres.

Il est donc nécessaire que la fixation du droit, ainsi que sa perception, se lient à un intérêt particulier qui s'interpose au milieu de tous les autres, pour leur céder au besoin, mais aussi pour mettre de justes bornes à leurs exigences.

Les canaux sont des immeubles dont l'État doit, financièrement parlant, tâcher de tirer le plus grand parti possible. S'il méconnaissait son intérêt à cet égard, s'il voulait abaisser au-delà du besoin les droits établis par les lois, il trouverait un invincible obstacle dans la résistance des compagnies auxquelles il a concédé le partage des produits pendant un certain temps, comme un accessoire du prix des fonds qu'elles lui ont prêtés.

Or, l'intérêt de l'État, celui des compagnies, celui du commerce même, est que les canaux aient toute l'activité qu'ils peuvent avoir; que tout ce qui peut y passer y passe, en abandonnant les voies de terre et de mer, plus lentes ou plus dispendieuses.

Pour cela, il faut que le droit à percevoir s'arrête au point juste où la voie du canal cesserait d'être la plus économique, ou bien, où ce droit, renchérissant trop telle denrée qui a tel trajet à faire pour arriver au lieu de consommation, l'empêcherait de pouvoir soutenir la concurrence avec celle d'une autre provenance.

Est-il possible de rédiger un tarif qui, d'un bout à l'autre, remplisse ces conditions? Evidemment non; car, comme nous l'avons dit, tout est mobile dans le commerce, et telle circonstance qui fait obstacle aujourd'hui n'en fera pas l'année prochaine, et réciproquement.

La solution du problème est de considérer le tarif comme un maximum, une limite posée par la loi à ce genre d'impôt, et d'en confier la perception à une régie intéressée qui, au-dessous de cette limite, ait toute liberté de se mouvoir en baissant ou relevant le droit, selon les circonstances (1).

(1) Pour bien rendre notre idée, une administration éclairée devrait faire des réductions particulières à telle houillère, par exemple, qui,

Le Gouvernement est déjà entré dans ce système pour divers canaux exécutés par des Compagnies, moyennant la concession des péages, soit à temps, soit à perpétuité : tels sont le canal d'Aire à la Bassée, le canal de Jonction de la Sambre à l'Oise, le canal de la Basse-Sambre, et autres. Les tarifs imposés aux concessionnaires de ces entreprises ne peuvent être considérés que comme un maximum qu'ils peuvent modérer à leur gré, mais qu'il ne leur est pas permis d'outrepasser. Vainement voudrait-on les obliger à exécuter le tarif tel qu'il est, à percevoir en entier le droit fixé, sans se mêler de favoriser une industrie naissante ou de faire concurrence à une voie rivale. On sent combien cette obligation serait facilement éludée : celui qui perçoit pour son propre compte est bien le maître d'exiger moins qu'il ne lui est dû, et même de ne rien exiger du tout. Aussi peut-on être sûr que les Compagnies concessionnaires examinent fort attentivement en quoi le tarif peut faire obstacle à la circulation, pour y remédier en le modifiant; mais en même temps on peut être convaincu non-seulement que, dans cette carrière, elles ne vont pas plus loin qu'il ne faut, mais aussi qu'elles ne font aucune grâce aux marchandises qui, avec le tarif légal, trouvent de l'avantage à préférer le canal à d'autres voies. Elles ne sont probablement pas moins attentives à organiser la perception avec économie, à en simplifier les écritures sans nuire à la sécurité de leurs intérêts et à empêcher la fraude des droits.

placée à une certaine distance du canal, ne pourrait pas exploiter sa mine sans cette concession.

Il pourrait même arriver des cas où il serait d'une bonne administration de livrer le canal gratis pendant un certain temps à une telle entreprise; car, sans cette faveur, on n'aurait pas pu mettre en valeur une industrie qui, une fois créée, pourrait, plus tard, donner au canal de beaux produits.

On voit, par ce qui précède, que le maximum d'un tarif est le cercle dans lequel une administration intelligente doit se mouvoir; mais n'est nullement le prix fixe auquel les marchandises doivent être tarifées, sans égard à mille considérations de tout genre et de toute nature qui doivent sans cesse modifier le tarif.

Ce que le Gouvernement laisse faire pour les canaux dont il a abandonné la jouissance, ne saurait-il le faire pour ceux dont il n'a cédé la jouissance qu'en partie, pour un temps limité et dans un long avenir? Cette surveillance de tous les instants, cette vigilance de l'intérêt privé, ne saurait-il les adapter à des revenus qui sont indivis entre cet intérêt privé et l'État? Et quand le Gouvernement a fait de si énormes sacrifices pour l'établissement de grandes lignes navigables, résisterait-il à une mesure qui, tout d'abord, le dédommage de ces sacrifices en l'affranchissant de la dette spéciale qu'ils lui ont fait contracter?

Cette mesure semble d'autant plus nécesssaire que, sans elle, les vices réels des tarifs seraient difficiles à corriger; les tarifs deviendraient immuables par la force des choses. En effet, le cahier des charges relatif aux emprunts porte, article 11 :

« Le tarif des droits de péages annexé au présent cahier de
« charges, et signé par les soumissionnaires, ne pourra être mo-
« difié que du consentement mutuel du Gouvernement et de la
« Compagnie, et dans tous les cas, il ne pourra être fait audit
« tarif aucune augmentation qu'en vertu d'une loi. »

Le Gouvernement, quelque persuadé qu'il soit de la justesse de ses vues, ne peut donc rien faire par lui-même. S'il veut abaisser, il faut qu'il se procure le consentement des Compagnies; s'il veut élever, il doit obtenir l'assentiment des Chambres. Les Chambres, on le sait, n'aiment pas à voter de nouveaux impôts. Quant aux Compagnies, elles sont, dans le cas contraire, encore plus difficiles à persuader. La proposition de diminuer les tarifs a toujours à leurs yeux l'air d'une atteinte portée à leurs droits. Vainement, leur explique-t-on que le Gouvernement a le même intérêt qu'elles, et qu'abaisser les droits, c'est en même temps augmenter les produits. Elles n'en croient rien, d'abord, parce que cette dernière maxime, poussée à l'excès, cesse d'être juste, et ensuite parce qu'on ne saurait nier que le Gouvernement a, à l'activité du Commerce et à la grande circulation des marchandises, un intérêt indirect fort indépendant du plus ou moins de produits des péages.

Ces Compagnies donc, si défiantes à l'égard du Gouvernement,

si disposées, comme une expérience récente l'a démontré, à
mettre des obstacles, des restrictions, des conditions aux amen-
dements bien ou mal conçus que le Gouvernement pourra leur
proposer, n'auront aucune défiance d'une Compagnie intermédiaire dont elles sauront que l'unique intérêt est de faire produire aux canaux le plus d'argent possible.

Le consentement que, d'après le cahier des charges, elles
sont appelées à donner à chaque nouvelle modification du tarif,
serait implicitement compris, une fois pour toutes, dans l'adoption du principe de la concession des péages à une Compagnie
fermière, qu'elles ne rejetteront pas, puisqu'elles en ont les
premières ouvert l'avis.

Nous pensons donc que la mise en régie intéressée des canaux
de l'État, au moyen des Compagnies, n'aurait que des avantages et point d'inconvénients, et que ce serait une mesure de
haute et bonne administration.

Nous avons dit que les actions de jouissance des emprunts n'y
mettraient aucune opposition. Nous avons la conviction que les
porteurs de ces actions, dans chaque Compagnie, s'empresse-
raient d'y adhérer comme à une chose tout-à-fait favorable à
à leurs intérêts.

Ainsi le mode d'exécution serait des plus simples : il faudrait
que les anciennes Compagnies approuvassent le traité fait par
l'État avec la Compagnie chargée de la régie, lequel traité auto-
riserait celle-ci à user des tarifs comme elle l'entendrait, dans
les limites assignées par les lois de 1821 et 1822.

Vis-à-vis des compagnies prêteuses, le Gouvernement accom-
plirait naturellement tous ses engagements antérieurs, et comme
un article du cahier des charges l'oblige à appliquer à l'accélé-
ration de l'amortissement tous les produits excédant les besoins,
pour le service des Canaux et des emprunts, il pourrait, s'il le
préférait, n'affecter à cette destination que ce qu'il toucherait
réellement pour sa part de la régie intéressée ; mais, en même
temps, il aurait le droit incontestable, en prenant dans le Trésor
la différence, d'y consacrer le *revenu total des Canaux*, ce qui
lui procurerait l'avantage d'amortir plus tôt des emprunts con-

tractés à un taux bien plus onéreux que celui auquel le Trésor pourrait se procurer des fonds aujourd'hui ; ce qui le constituerait en bénéfice d'au moins 3 p. 0/0 sur l'intérêt annuel des susdits emprunts.

Par tout ce qui précède, nous pensons avoir démontré jusqu'à l'évidence l'immense intérêt qu'il y aurait pour le Gouvernement à adopter le système de la régie intéressée des canaux.

Paris, le 21 mars 1837.

N° 19.

Note sur la gestion des canaux appartenant à l'État.

(Un fait entre mille.)

Le 14 mai 1839, il y avait dans le bassin qui est en amont du pont aqueduc du Guétin, sur le canal latéral à la Loire, quatre-vingt-cinq bateaux chargés de charbon qui ne pouvaient pas passer parce qu'il était arrivé un dommage à une écluse de la partie inférieure. Cet obstacle a nécessairement arrêté toute la navigation depuis Roanne, et il n'est pas à douter que le nombre de bateaux stationnaires ne se soit accru sur ce point de jour en jour.

Les bateliers se sont plaints à l'ingénieur en chef de Nevers qui se trouvait sur les lieux et offraient de s'employer à réparer le dommage, qui, à ce qu'il paraît, est peu considérable ; mais il n'avait pas à se mêler de la chose parce qu'elle concerne la seconde division dont l'ingénieur réside à Orléans.

Ainsi, une mince avarie, facilement réparable, aura suspendu la navigation pendant plusieurs jours, tandis qu'avec des moyens d'agir plus à portée de la difficulté, elle n'eût certainement causé qu'un retard de quelques heures.

FIN.

TABLE DES MATIÈRES.

TABLE DES NOTES ET DOCUMENTS.

www.ingramcontent.com/pod-product-compliance
Ingram Content Group UK Ltd.
Pitfield, Milton Keynes, MK11 3LW, UK
UKHW020148130726
13696UKWH00002B/419